Souverän im Vorstellungsgespräch

Christian Püttjer und *Uwe Schnierda* arbeiten seit 1992 als Trainer und Berater in den Bereichen Karriere, Bewerbung und Rhetorik. Ihre Erfahrungen aus Seminaren und Einzelberatungen haben sie, angereichert durch viele Tipps und Übungen, in zahlreichen Ratgebern veröffentlicht. Bei Campus erscheinen von Püttjer und Schnierda unter anderem *Das große Bewerbungshandbuch, Professionelle Bewerbungsberatung für Führungskräfte* und *Assessment-Center-Training für Führungskräfte.*

Christian Püttjer & Uwe Schnierda

Souverän im Vorstellungsgespräch

Die optimale Vorbereitung für Um- und Aufsteiger

Illustrationen von Hillar Mets

Campus Verlag
Frankfurt/New York

Bibliografische Information der Deutschen Bibliothek:
Die Deutsche Bibliothek verzeichnet diese Publikation in der
Deutschen Nationalbibliografie. Detaillierte bibliografische Daten
sind im Internet über http://dnb.ddb.de abrufbar.
ISBN-13: 978-3-593-38127-5
ISBN-10: 3-593-38127-3

5., aktualisierte Auflage 2006

Umschlaggestaltung: grimm.design, Düsseldorf
Illustrationen: Hillar Mets
Fotos: Carsten von Dein
Satz: Publikations Atelier, Dreieich
Druck und Bindung: Finidr, s.r.o.
Gedruckt auf säurefreiem und chlorfrei gebleichtem Papier.
Printed in the Czech Republic

Besuchen Sie uns im Internet: www.campus.de

Inhalt

Einleitung

Herzlichen Glückwunsch! Sie haben die erste Hürde im Bewerbungsverfahren mit Bravour genommen: Sie sind zum Vorstellungsgespräch eingeladen worden. Doch das Rennen ist damit noch nicht gewonnen. Wie für die schriftliche Bewerbung gilt auch im Vorstellungsgespräch: Die gründliche Vorbereitung bringt Pluspunkte.

In den letzten Jahren sind die Ansprüche, denen Bewerber in Vorstellungsgesprächen genügen müssen, stark gestiegen. Dies hat verschiedene Gründe. Personalauswahl orientiert sich nicht mehr allein am Fachwissen der Bewerber, es wird der eigenverantwortliche Teamplayer gesucht, der berufliche Aufgabenstellungen sowohl in der Gruppe als auch allein erfolgreich bewältigt. Fachwissen allein überzeugt nicht mehr, die Bewerber müssen deutlich machen, dass sie über die von Firmen gewünschten persönlichen Fähigkeiten verfügen.

Gestiegene Ansprüche

Hinzu kommt, dass die beruflichen Tätigkeiten und damit die Anforderungsprofile immer spezieller werden. Sie setzen sich deshalb im Vorstellungsgespräch nur dann durch, wenn Sie deutlich machen, dass Sie die Anforderungen des neuen Arbeitsplatzes bewältigen können.

Aus unserer langjährigen Tätigkeit als Bewerbungstrainer und Karriereberater verfügen wir über viel Erfahrung aus der Praxis. Diese möchten wir an Sie weitergeben. Im Mittelpunkt der von uns vorgestellten Tipps, Techniken und Hinweise steht immer die Umsetzung durch Sie als Bewerberin oder Bewerber. Daher finden Sie in unserem Ratgeber viele Beispiele, Übungen und Tipps, die Ihnen helfen, Ihr neues Wissen bei Ihrem Vorstellungsgespräch einzusetzen.

Um Vorstellungsgespräche erfolgreich bewältigen zu können, müssen Sie ein eigenständiges berufliches und persönliches Profil präsentieren können. Dazu gehört natürlich auch **Individualität** ein individueller Sprach- und Antwortstil. Um Ihnen eine **überzeugt** Basis für Ihren eigenen Gesprächsstil zu vermitteln, stellen wir Ihnen 100 typische Fragen aus Vorstellungsgesprächen mit ungeeigneten und geeigneten Antwortmöglichkeiten vor. Allerdings nützt es nichts, die positiven Antworten auswendig zu lernen, dies macht Sie nicht automatisch zum Gewinner im Vorstellungsgespräch. Sie müssen sich vor allem damit auseinander setzen, welche Erwartungshaltungen auf Unternehmensseite vorherrschen und welche Ziele mit einzelnen Fragen oder Frageblöcken verfolgt werden.

Dieser Ratgeber hilft Ihnen, die ausgesprochenen und unausgesprochenen Anforderungen des Vorstellungsgespräches zu durchschauen und zu bewältigen.

Die Vorbereitung auf ein erfolgreich verlaufendes Vorstellungsgespräch findet in Stufen statt. Die folgende Übersicht zeigt Ihnen, was alles dazugehört.

Überzeugen im Vorstellungsgespräch

1. Vorbereitungsphase

⬇

Informationssuche: Erwartungen von Unternehmen an
Bewerber erkennen

Übersicht 1

⬇

Verarbeiten der Informationen für Ihre Selbstpräsentation

⬇

den Stellenwechsel begründen

⬇

die richtige Kleidung auswählen

⬇

Ihre Gesprächspartner auf Unternehmensseite
berücksichtigen

⬇

2. Vorstellungsgespräch

⬇

Frage- und Antworttechniken einüben

⬇

Stärken und Schwächen herausfinden

⬇

Frageblöcke bewältigen
(Fragen zur Motivation der Bewerbung, zur Firma, zur beruflichen
Entwicklung, zur privaten Lebensgestaltung)

⬇

Ihre Fragen vorbereiten

⬇

unzulässige Fragen entschärfen

⬇

Gehaltsverhandlungen führen

⬇

Körpersprache in Vorstellungsgesprächen beachten

⬇

bei problematischen Bewerbungen besondere Probleme
beachten
(Bewerber mit 40-plus, Wiedereinsteiger, Arbeitslose,
Dauerwechsler)

⬇

Beispielfragen und Beispielantworten durchgehen

⬇

Vorstellungsgespräch auswerten

↓

telefonisch nachfassen

↓

3. Arbeitsvertrag unterschreiben

1

Wozu noch ein Vorstellungs-gespräch?

Mit der Einladung zu einem Vorstellungsgespräch haben Sie die erste Hürde im Bewerbungsverfahren genommen. Die neue Firma möchte Sie persönlich kennen lernen. Bereiten Sie sich vor, indem Sie sich den Sinn von Vorstellungsgesprächen vor Augen führen, sich mit den Erwartungen der Personalverantwortlichen auseinander setzen und sich verdeutlichen, dass Sie Argumente für Ihre Einstellung liefern müssen.

Im Vorstellungsgespräch treten Sie das erste Mal persönlich in Erscheinung. Sie haben im Vorfeld Bewerbungsunterlagen erstellt und sie den Unternehmen zugesandt. Eventuell haben Sie vor dem Vorstellungsgespräch schon einen telefonischen Kontakt hergestellt. Den Firmen liegt Ihre schriftliche Selbstdarstellung vor, die nun im persönlichen Kontakt überprüft werden soll. Die schriftlichen Unterlagen dienen den Firmen nur dazu, eine Bewerbervorauswahl zu treffen. Anhand von Unterlagen wird jedoch nicht über die Besetzung einer Stelle entschieden.

Der erste persönliche Kontakt

Mit Ihrem persönlichen Erscheinen im Bewerbungsgespräch müssen Sie nicht nur die von Ihnen schriftlich vermittelten Fähigkeiten und Kenntnisse bestätigen. Es muss auch deutlich werden, dass Sie zum Unternehmen passen. Die Firmenkultur differiert je nach Unternehmensgröße und Branche sehr stark. In Start-up-Unternehmen in der Telekommunikationsbranche herrscht beispielsweise ein anderes Arbeitsklima als in Industriebetrieben der »Old Economy«. In mittelständischen Unter-

Der endgültige Bewerber-Check

nehmen gibt es andere Entscheidungswege und Verantwortungsbereiche als in internationalen Konzernen.

Auch wenn sich die Anforderungen an Bewerberinnen und Bewerber hinsichtlich der Tätigkeitsfelder und je nach Größe der Firma stark unterscheiden, so gibt es doch große Gemeinsamkeiten in der Vorbereitung von Vorstellungsgesprächen.

Die Vorbereitung zählt Wir wissen aus unserer Beratungspraxis, dass Sie dann im Vorstellungsgespräch überzeugen, wenn Sie sich sowohl mit Ihren eigenen Wünschen und Zielen als auch mit den Vorstellungen und Erwartungen der Unternehmensseite gleichermaßen intensiv auseinander gesetzt haben.

Wozu dient das Vorstellungsgespräch?

Im Vorstellungsgespräch sind Sie als Persönlichkeit gefragt. Die Überprüfung Ihrer fachlichen Eignung hat mit der Sichtung Ihrer schriftlichen Unterlagen bereits stattgefunden. Wenn Sie zu einem Vorstellungsgespräch eingeladen werden, sind Sie aus Sicht der Firma prinzipiell für die ausgeschriebene Stelle geeignet. Auf diesen Vorschusslorbeeren können Sie sich aber nicht ausruhen.

Im Vorstellungsgespräch versucht man, insbesondere Ihre persönlichen Fähigkeiten einzuschätzen – beispielsweise, ob Sie in das Team passen, vom Fachvorgesetzten akzeptiert werden, ob Ihre Leistungsbereitschaft ausreicht, ob Sie Ihre Stärken und Schwächen einschätzen können, ob Sie sich ein realistisches Bild von den Anforderungen in der neuen Tätigkeit gemacht haben und ob Ihr Arbeitsstil zum Unternehmen und zur Unternehmenskultur passt.

Auf Ihre Persönlichkeit kommt es an

Personalverantwortliche und Fachvorgesetzte wollen sich im Vorstellungsgespräch ein möglichst umfassendes Bild von Ihnen machen. Sie werden Ihre Gesprächspartner nicht für sich einnehmen, wenn Sie nur die fachliche Seite oder nur Ihre Persönlichkeit betonen.

Aus unserer Beratungspraxis

Mangelnde Reflexion

Beratung

Ein Abteilungsleiter Logistik aus einem mittelständischen Unternehmen suchte uns auf, weil er aufgrund seiner Bewerbungsmappe zwar viele Einladungen zu Vorstellungsgesprächen erhielt, aber im Gespräch dann immer wieder an einen Punkt kam, der ihn aus dem Rennen warf.

Seine fachlichen Kenntnisse waren unbestritten interessant für die international operierenden Großunternehmen, zu denen er wechseln wollte. Er verfügte über eine zehnjährige Berufserfahrung und hatte innovative Logistikkonzepte entwickelt und in die Praxis umgesetzt. Für seinen jetzigen Arbeitgeber hatte er sehr erfolgreich gearbeitet, konnte jedoch nicht weiter aufsteigen, da die Bereichsleiterposition auf längere Sicht besetzt war.

Das Problem dieses Bewerbers war, dass er seine erfolgreiche Arbeit in der Logistik im Vorstellungsgespräch nicht einfach nur darstellte, sondern in diesem Zusammenhang stets erwähnte, dass er seiner jetzigen Firma die mangelnden Aufstiegsmöglichkeiten übel nahm und versucht hatte, die Geschäftsleitung unter Druck zu setzen. Er wusste, dass er wegen seiner Berufserfahrung unverzichtbar war, und hatte dies so oft gegenüber der Geschäftsleitung thematisiert, dass ein Grabenkrieg entstanden war. Ein Geschäftsführer versuchte ihn seit zwei Jahren zu entmachten, was ihm aber wegen der exzellenten Fachkenntnis des Abteilungsleiters nicht gelang.

Dieser Missstand brach aus dem Abteilungsleiter in jedem Vorstellungsgespräch heraus. Den Umstand, dass er sich so lange gegen seine Entmachtung gewehrt hatte, bewertete er mit Stolz als Beleg für seine fachliche Eignung. Ihm war nicht klar, dass die Personalverantwortlichen bei seinen Vorstellungsgesprächen diese Darstellung weniger positiv sahen. Sie schlossen daraus, dass er ein Querulant und potenzieller Unruheherd sei.

Wir trainierten mit ihm, seine beruflichen Erfolge im Gespräch stärker in den Vordergrund zu stellen. Die Darstellung seiner persönlichen Fähigkeiten, wie Durchsetzungsfähigkeit, Eigeninitiative, Belastbarkeit oder Kooperationsbereitschaft, konnte er im Vorstellungsgespräch nun an der guten Zusammenarbeit mit Zulieferern festmachen. Dadurch konnten Personalverantwortliche seine Kommunikationsfähigkeit und seine Konfliktlösungsfähigkeit positiv bewerten. Der Wechsel gelang.

Fazit: Das Vorstellungsgespräch dient dazu, Personalverantwortlichen und anderen Firmenvertretern deutlich zu machen, dass Sie nicht nur fachlich geeignet sind, sondern sich auch in die Arbeitsabläufe und das Betriebsklima in der neuen Firma einpassen können.

Ein Vorstellungsgespräch verläuft dann für beide Seiten erfolgreich, wenn Sie sowohl Ihre Berufskenntnisse als auch Ihre persönlichen Fähigkeiten anhand von konkreten Beispielen aus Ihrem Werdegang untermauern können. Wir werden Ihnen im Verlauf dieses Buches in Beispielen und Übungen zeigen, wie Sie berufliche Situationen zur Unterstützung Ihrer Präsentation erfolgreich einsetzen.

Kenntnisse und Fähigkeiten belegen

Es genügt nicht, im Gespräch nur die fachliche Eignung herauszustellen. Sie müssen auch zeigen, dass Sie über die Fähigkeit zur realistischen Selbsteinschätzung und Selbstreflexion verfügen. Genauso wenig werden Sie überzeugen, wenn Sie sich als schillernde Persönlichkeit darstellen, aber nicht vermitteln können, dass Sie die Routineaufgaben der Position in den Griff bekommen.

Deshalb ist eine optimale Vorbereitung der Vorstellungsgespräche so wichtig für Sie. Nur wenn Sie wissen, was man von Ihnen erwartet und was Sie von der Firma erwarten, können Sie Pluspunkte sammeln. Im Folgenden vermitteln wir Ihnen, wie Sie das Zusammenspiel Ihrer fachlichen Kenntnisse und Ihrer persönlichen Fähigkeiten so darstellen, dass Sie glaubwürdig wirken und als Person überzeugen.

Die Wünsche der Personalverantwortlichen

Die Aufgabe der Personalverantwortlichen ist es, sich im Vorstellungsgespräch einen umfassenden Eindruck vom Bewerber zu verschaffen. Es geht nicht vorrangig um den ersten Eindruck und darum, sich gegenseitig sympathisch zu sein. Die Ergebnisse eines Bewerbungsgespräches müssen vermittelbar sein. Personalverantwortliche müssen gegenüber der Geschäftsleitung und den Leitern der Fachabteilungen begründen können, warum sie einen bestimmten Kandidaten empfehlen.

Aus den Fragen und Antworten der Bewerberinnen und Bewerber müssen die Personalverantwortlichen die persönliche und fachliche Eignung herauslesen. Am besten können Personalverantwortliche einen Bewerber dann vertreten, wenn er selbst Argumentationsmaterial liefert. Deshalb nimmt die Selbstpräsentation eines Bewerbers die gewichtigste Rolle im Vorstellungsgespräch ein.

Ein aussage-kräftiges Profil

Vielen Bewerbern scheint die herausragende Bedeutung der Selbstpräsentation nicht klar zu sein. Personalverantwortliche beklagen immer wieder, dass Bewerber nicht in der Lage sind, ein aussagekräftiges Profil zu liefern, dass sie nichtssagende Floskeln verwenden und ihr eigenes Profil nicht auf die Anforderungen der neuen Stelle abstimmen.

Aus diesem Grund steht die Selbstpräsentation, mit der Sie im Vorstellungsgespräch Ihr individuelles Profil ausdrücken, im Mittelpunkt unserer Ratschläge und Empfehlungen. Nutzen Sie die Chance, sich mithilfe unserer Übungen, Tipps und Beispiele ein detailliertes und glaubwürdiges Stärkenprofil für Gespräche zu entwickeln. Teile der Selbstpräsentation werden Ihnen in unseren Hinweisen zur Beantwortung von typischen Fragen in Vorstellungsgesprächen wieder begegnen. So können Sie in Ihre Antworten Beispiele aus Ihrer beruflichen Praxis einarbeiten. Mit dieser Argumentationsstrategie überzeugen Sie Personalverantwortliche, die leider zu oft erleben, dass Bewerber entweder gar nicht auf Fragen antworten können oder aber inhaltslose Antworten geben.

Überzeugend sich selbst präsentieren

Aus unserer Beratungspraxis wissen wir auch, dass sich Personalverantwortliche von Bewerberinnen und Bewerbern im

Gespräch oft »allein gelassen« fühlen. Eine Haltung, die ausdrückt »Machen Sie etwas aus mir, Sie sind schließlich der Profi«, verkennt die Situation. Bewerber müssen Argumente für ihre Einstellung liefern. Ein Vorstellungsgespräch ist schließlich kein Beratungsgespräch, in dem das Profil eines Um- oder Aufsteigers mithilfe des Personalverantwortlichen erstellt wird.

Überzeugende Bewerberinnen und Bewerber kennen ihr Profil, wissen, was Personalverantwortliche mit ihren Fragen herausfinden wollen, können ihre Stärken benennen, liefern konkrete Beispiele für ihre Fähigkeiten und Kenntnisse, reagieren souverän auf Stressfragen, stellen fundierte Fragen und können sich auf ihre Gesprächspartner flexibel einstellen. Sie werden sehen, dass auch Sie sich zu einem überzeugenden Bewerber entwickeln, wenn Sie unsere Ratschläge und Anregungen intensiv bearbeitet haben. **Souveränität und Flexibilität**

Wenn Sie es gelernt haben, Personalverantwortliche zu überzeugen, haben Sie die Basis dafür geschaffen, auch andere Firmenvertreter für sich einzunehmen. Personalverantwortliche sind die »härteste Nuss«, die Sie im Vorstellungsgespräch knacken müssen. Durch spezielle Schulungen und den häufigen Umgang mit Bewerberinnen und Bewerbern haben Personalverantwortliche ein professionelles Gespür für Widersprüche, Defizite und Selbstüberschätzungen entwickelt. Andere Gesprächspartner wie Geschäftsführer und Fachvorgesetzte vertrauen eher intuitiv einem allgemeinen Eindruck. Personalverantwortliche müssen mit plausiblen Argumenten überzeugt werden. **Überzeugungskraft lässt sich erlernen**

Sie lernen in diesem Ratgeber die Spielregeln und die häufig gestellten Fragen kennen, nach denen Personalverantwortliche Vorstellungsgespräche mit Ihnen führen. Unsere Übungen und Beispiele geben Ihnen die Sicherheit, die Ihnen in Vorstellungsgesprächen weiterhilft.

Der Begründungsbedarf nimmt zu

Der Inhalt qualifizierter beruflicher Tätigkeiten lässt sich immer schwerer vermitteln. Wenn Kinder die Fragen stellen »Mutti, was machst du eigentlich den ganzen Tag im Büro?« oder »Papi, was arbeitest du?«, setzt erst einmal das große Grübeln ein. Nur den wenigsten Berufstätigen fällt es leicht, aus dem Stegreif eine verständliche Darstellung ihrer beruflichen Aufgaben zu liefern. In der Regel wird auf die offizielle Berufsbezeichnung zurückgegriffen. Die bloße Angabe »Ich bin Wirtschaftsingenieur«, »Ich bin Kommunikationselektronikerin« oder »Ich arbeite im Außendienst« vermittelt aber nicht die hinter der Tätigkeit stehenden Inhalte.

Eine verständliche Darstellung Ihrer beruflichen Aufgaben

Mit der Nennung einer Berufsbezeichnung werden sich nicht nur die Kinder, sondern auch Personalverantwortliche im Vorstellungsgespräch nicht zufrieden geben. Der mithilfe der Berufsbezeichnung eingeleitete Rückzug auf die formale Ebene führt nicht weiter. Sie müssen inhaltlich argumentieren, das heißt, Sie müssen anhand von Beispielen darstellen, was Sie eigentlich machen. Gerade im Vorstellungsgespräch geht es darum, den Berufsalltag, die Aufgabenfelder und ihre Umsetzung zu schildern, und was Sie in der Vergangenheit geleistet haben.

Der Grund für die Probleme bei der Vermittlung von beruflichen Inhalten liegt in der Spezialisierung innerhalb der Arbeitswelt. Unsere Arbeitswelt tendiert zu immer ausgefeilterer Arbeitsteilung und ständig differenzierter werdenden Berufsbildern. Zu traditionellen Berufen wie Bäcker, Schuster oder Schneider fallen uns die wesentlichen Tätigkeiten noch ein. Probleme ergeben sich bei heutigen Berufen wie »Projektingenieurin«, »Event-Manager«, »Human Resource Managerin«, »Director Strategic Sales«, »Account-Manager«, »Systemberaterin Pre-Sales«, »Qualitätsentwickler« oder »E-Commerce-Consultant«.

Aufgabenfelder und ihre Umsetzung schildern

Hinter den bloßen Berufsbildern können sich ganz unterschiedliche Betätigungsfelder verbergen: Zum Beispiel kann eine Projektingenieurin verantwortlich sein für die Anlageninbetriebnahme, die Projektierung, die Prototypenentwicklung, die Qualitätssicherung, den technischen Vertrieb im Innendienst, den technischen Vertrieb im Außendienst und Produktionsoptimierungen. Sie kann in der Beratung, der Konstruktion, der Entwicklung, Forschung, dem Verkauf, dem Marketing, der Organisation und der Produktion tätig sein.

Das Beispiel verdeutlicht, dass das Berufsbild alleine nicht ausreicht. Nicht jede Projektingenieurin ist daher für jede Stelle geeignet. Trotzdem versuchen Bewerberinnen und Bewerber immer wieder, sich mit diesem floskelhaften Argumentationsschema zu bewerben: »Sie suchen einen Mitarbeiter im Marketing. Ich arbeite im Marketing. Also bin ich für Sie geeignet.«

Bewerberinnen und Bewerber, die im Vorstellungsgespräch erfolgreich sein wollen, müssen lernen, inhaltlich zu argumentieren. Dabei müssen sie die Anforderungen der neuen Position und ihren bisherigen Werdegang abgleichen. Eine detaillierte **Inhaltlich** Auseinandersetzung mit dem, was Sie bisher getan haben, und **konkret argu-** dem, was Sie in der neuen Position tun sollen, ist unerlässlich. **mentieren**

Verstecken Sie sich nicht hinter einer Berufsbezeichnung. Wir zeigen Ihnen im Folgenden, wie Sie sich das hinter Ihrer Berufsbezeichnung stehende Profil erarbeiten und wie Sie dieses Profil auf die Anforderungen der neuen Stelle individuell zuschneiden. Sie werden sich konkrete Belege und Beispielsituationen für Ihre fachlichen Kenntnisse und persönlichen Fähigkeiten erarbeiten, mit denen Sie sich im Vorstellungsgespräch optimal präsentieren können.

Auf einen Blick

Wozu noch ein Vorstellungsgespräch

- Im Vorstellungsgespräch sind Sie als Persönlichkeit gefragt. Personalverantwortliche haben sich anhand Ihrer schriftli- **Im Blick**

chen Unterlagen ein Bild von Ihnen gemacht, das im Vorstellungsgespräch überprüft wird.

- Ihre Berufsbezeichnung ist nur ein formaler Rahmen, der im Vorstellungsgespräch durch konkrete Tätigkeitsbeispiele ausgefüllt werden muss.

- Sie müssen im Vorstellungsgespräch doppelte Überzeugungsarbeit leisten: Erstens müssen Sie verdeutlichen, dass Sie den Anforderungen der ausgeschriebenen Stelle gerecht werden. Zweitens müssen Sie klarmachen, dass Sie zu der Unternehmenskultur passen.

- Vorstellungsgespräche verlaufen nur dann erfolgreich, wenn Sie sowohl Ihre Berufskenntnisse als auch Ihre persönlichen Fähigkeiten mit Beispielen aus Ihrem Werdegang belegen können. Sie überzeugen, wenn Sie inhaltlich argumentieren können.

- Personalverantwortliche brauchen von Ihnen Argumente, warum sie gerade Sie einstellen sollten. Nur dann können Sie gegenüber Fachvorgesetzten und Geschäftsführern begründen, warum Sie die beste Wahl für die ausgeschriebene Position sind.

- Diese Einstellungsargumente liefern Sie durch eine schlüssige und aussagekräftige Selbstpräsentation Ihrer Kenntnisse und Fähigkeiten.

- Als gut vorbereiteter Bewerber kennen Sie Ihr Profil, können Ihre Stärken verdeutlichen, Beispiele für Ihre Qualifikationen liefern, angemessen auf Stressfragen reagieren, eigene Fragen stellen und flexibel auf unterschiedliche Gesprächspartner eingehen.

2

Warum sollten wir gerade Sie einstellen? Ihre Selbstpräsentation

Das Herzstück unserer Beratungtätigkeit ist die personenbezogene Entwicklung des beruflichen Stärkenprofils von Bewerbern. Wir zeigen Ihnen in diesem Kapitel, welche Fehler Bewerber vorzeitig ins Aus befördern und mit welchen Überzeugungsregeln sich eine schlüssige Selbstdarstellung vor dem Vorstellungsgespräch ausarbeiten lässt. Sie lernen, Ihre Stärken in einem Kurzvortrag so darzustellen, dass Sie sowohl fachlich als auch persönlich überzeugen.

Um eine Firma davon zu überzeugen, dass gerade Sie die optimale Besetzung für die ausgeschriebene Position sind, müssen Sie Ihre fachlichen Kenntnisse und Ihre persönlichen Fähigkeiten im Vorstellungsgespräch so darstellen, dass Sie sich von anderen Bewerberinnen und Bewerbern positiv abheben.

Sich positiv von anderen abheben

Bedenken Sie immer: Nicht derjenige, der die Anforderungen des Arbeitsplatzes am besten erfüllt, wird eingestellt, sondern derjenige, der sich im Bewerbungsverfahren am überzeugendsten darstellt. Die Entwicklung einer glaubwürdigen Selbstpräsentation ist deshalb das Fundament für Ihr Vorstellungsgespräch.

Mit den Informationen und den Übungen in diesem Kapitel werden wir Sie in die Lage versetzen, Ihre eigene Selbstpräsentation zu entwickeln. Los geht es damit, dass Sie lernen, sich mündlich so darzustellen, dass klar wird, dass Sie die beziehungsweise der Richtige für den Arbeitsplatz sind. Ihr Vortrag zum Thema »Warum ich in Ihrer Firma als XYZ arbeiten will!« wird eine Länge von etwa drei Minuten haben. Mit diesem Zeitrahmen vermeiden

Sie die Gefahr langatmiger Ausführungen und präsentieren sich als Bewerber, der in der Lage ist, die Darstellung seiner beruflichen Entwicklung auf den Punkt zu bringen. Wer seine Bewerbungsmappe mithilfe unseres Ratgebers *Überzeugen mit Anschreiben und Lebenslauf. Die optimale Bewerbungsmappe für Um- und Aufsteiger* aufbereitet hat, weiß, dass der Vortrag eines Anschreibens im DIN A4-Format zirka drei Minuten dauert. So können Sie die für Ihre Bewerbungsmappe geleistete Arbeit hier weiter nutzen.

Drei Minuten sind perfekt

Eine gut ausgearbeitete Selbstpräsentation ist eine solide Grundlage zur optimalen Reaktion auf folgende Fallstricke eines jeden Vorstellungsgesprächs:

- Sie erarbeiten sich damit Ihre Antworten auf die zwei wichtigsten Fragen in Vorstellungsgesprächen: »Was macht Sie für die ausgeschriebene Position geeignet?« und »Warum sollten wir gerade Sie einstellen?«
- Sie ermöglicht die überzeugende Beantwortung spezieller Fragen zu Ihren fachlichen Kenntnissen und persönlichen Fähigkeiten.
- Sie bewirkt eine souveräne Reaktion auf Stressfragen.

Die Frage »Warum ist gerade dieser Bewerber der Richtige für uns?« steht bei Vorstellungsgesprächen von Anfang an im Raum. In vielen Vorstellungsgesprächen wird von Personalverantwortlichen gleich am Gesprächsanfang nachgefragt:

- »Warum haben Sie sich bei uns beworben?«,
- »Was interessiert Sie an der Stelle?« oder
- »Stellen Sie sich bitte kurz vor!«

Sie verschaffen sich erhebliche Startvorteile für den weiteren Gesprächsverlauf, wenn Sie Ihren bisherigen beruflichen Werdegang kurz, aber schlüssig darstellen und konkrete Beispiele geben können, die auf das Anforderungsprofil der Firma eingehen.

Um- und Aufsteiger sind keine Berufsanfänger und verfügen deshalb über einen umfangreichen Fundus an beruflichen Erfahrungen. Wir wissen aus unserer Beratungstätigkeit, dass ihr Problem in der Regel darin besteht, die wesentlichen Informationen für die neue Stelle herauszufiltern. Im Vorstellungsgespräch müssen Sie in der Lage sein, in einer kurzen Zeitspanne so viel relevante Informationen wie möglich unterzubringen. Damit Ihnen dies gelingt, lernen Sie nun

Startvorteile durch die richtige Vorbereitung

- zu erkennen, welche Forderungen Firmen an Bewerber stellen,
- wie Sie eine Selbstpräsentation aufbauen,
- wie Sie Fehler in der Selbstpräsentation vermeiden und
- wie Sie Überzeugungsregeln in der Selbstpräsentation einsetzen.

Was Unternehmen von Bewerbern erwarten

Viele Bewerber mit Berufserfahrung neigen dazu, im Vorstellungsgespräch die fachlichen Kenntnisse in den Vordergrund zu stellen, aber die Darstellung der persönlichen Fähigkeiten zu vernachlässigen. Doch gerade die überzeugende Präsentation Ihrer persönlichen Fähigkeiten sichert Ihnen den Erfolg im Vorstellungsgespräch.

Welche Kompetenzen sind im Berufsleben gefragt? Welche Anforderungen stellen Unternehmen an qualifizierte Mitarbeiter? Ihre gründliche Auseinandersetzung mit den Erwartungen der Unternehmen ist ein wichtiger Schritt auf dem Weg zum überzeugenden Vorstellungsgespräch und wird später belohnt werden. Darum nehmen wir in diesem Abschnitt einen Perspektivenwechsel vor.

Wichtig: ein Perspektivenwechsel

Wenn Sie wissen, was Unternehmen von Ihnen erwarten, können Sie diese Anforderungen aufgreifen und in Ihre Selbstpräsentation aufnehmen. Dadurch zeigen Sie dem Unternehmen, dass diese Erwartungen von Ihnen erfüllt werden. Die Anforderungen der Unternehmen an Bewerber lassen sich in zwei Gruppen einteilen: in fachliche Kenntnisse und in persönliche Fähigkeiten.

Klassische Anforderungen: fachliche Kenntnisse

Weil Sie ohne Fachkenntnisse keinen Beruf ausüben können, bezeichnen wir fachliche Kenntnisse als klassische Anforderungen. Ohne Fachkenntnis geht überhaupt nichts. Fachliche Kenntnisse werden auch als »Fachwissen« oder »fachliche Kompetenz« bezeichnet. Es geht darum, welches Wissen Sie in bestimmten Bereichen haben, die für Ihr Tätigkeitsfeld wichtig sind.

Fachlich passgenaue Bewerber Bei den Unternehmen ist zurzeit der Trend festzustellen, dass der fachlich passgenaue Bewerber gesucht wird. Das heißt, dass die fachliche Kompetenz des »Wunschkandidaten« möglichst genau mit den fachlichen Anforderungen des Unternehmens übereinstimmen sollte.

Von der Unternehmensseite her werden Fachkenntnisse nochmals in verschiedene Wissensbereiche unterteilt. Wenn Sie sich auf einen neuen Arbeitsplatz bewerben, bestehen die Anforderungen an Ihre fachlichen Kenntnisse immer aus einer Mischung der folgenden klassischen Wissensbereiche:

- Berufskenntnisse
- Fremdsprachenkenntnisse
- Computerkenntnisse

Berufskenntnisse

Berufskenntnisse setzen sich aus dem im Studium oder in der Ausbildung erworbenen Fachwissen und den im Berufsalltag vertieften fachlichen Kenntnissen zusammen.

Hesse/Schrader

Das Hesse/Schrader Bewerbungshandbuch

Gebunden

512 Seiten

ISBN 3-8218-3817-5

€ 24,90 (D)

sFr 44,– / € 25,60 (A)

Das seit Jahren erprobte und bewährte Standardwerk. Alles zum Thema Bewerbung in einem Band: Anschreiben, Lebenslauf, Anlagen, Bewerberfoto, Vorstellungsgespräch, Assessment-Center, Gehaltsverhandlung – mit diesem Buch der Bewerbungsprofis Hesse/Schrader, den »führenden Experten auf dem Gebiet der Bewerberberatung« *(Frankfurter Allgemeine Zeitung),* sind Sie für jede Bewerbungsphase bestens vorbereitet.

»Umfangreich, klar strukturiert, realistische Darstellungen, praxisnahe Beispiele, gut umsetzbare Tipps, auch für besondere Zielgruppen wie Bewerber über 48 und Auszubildende – Fragen bleiben bei diesem empfehlenswerten Standardwerk nicht offen.«
test SPEZIAL Weiterbildung

Hier geht's nach oben

Die kompetenten Ratgeber
zu Bewerbung, Job und Karriere

berufs**strategie**

Eichborn

Wenn Sie beispielsweise als Werbekauffrau tätig sind, wissen Sie, wie man Kataloge und Mailings erstellt und wie Verkaufsunterlagen konzipiert, getextet und grafisch gestaltet werden. Sie können Anzeigenwerbung koordinieren, Direktwerbeaktionen organisieren und Redaktionsbeiträge für Fachzeitschriften verfassen.

Als Kreditsachbearbeiter im Immobilienbereich besteht Ihre Berufskenntnis darin, dass Sie wissen, wie man Gutachten beurteilt, Sicherheiten bewertet, Kreditvorlagen erarbeitet, Kreditverträge erstellt und laufende Verträge überwacht.

Als technischer Einkäufer im Maschinenbau bringen Sie Berufskenntnisse darüber mit, wie man Maschinenteile, -elemente und -werkzeuge einkauft, Termine sichert und verfolgt, Beschaffungsmärkte beobachtet und analysiert und leistungsfähige und kostengünstige Bezugsquellen ermittelt.

Fremdsprachenkenntnisse

Da die meisten Unternehmen europaweit beziehungsweise weltweit tätig sind, steigen auch ihre Anforderungen bezüglich der Kommunikationsfähigkeit ihrer Mitarbeiter ständig. In den meisten Fällen geht es nicht um perfekte Sprachkenntnisse, sondern um Grundkenntnisse der jeweiligen Sprache. Wenn aber für eine ausgeschriebene Stelle bestimmte Sprachkenntnisse verlangt werden, sollte der Bewerber deutlich machen, dass er in der gewünschten Sprache Verhandlungen am Telefon führen und im Schriftverkehr bestehen kann.

Computerkenntnisse

Fachkenntnisse in PC-Anwendungsprogrammen, wie Textverarbeitung, Tabellenkalkulation oder Datenbanken, sind aus dem Arbeitsalltag nicht mehr wegzudenken.

Auch wenn sich bestimmte Standardprogramme durchgesetzt haben, verwenden noch längst nicht alle Firmen identische PC-Programme. Werden in Stellenausschreibungen von Ihnen bestimmte PC-Kenntnisse verlangt, über die Sie nicht verfügen, heißt dies nicht, dass Sie mit Ihrer Bewerbung chancenlos sind. Im Bewerbungsverfahren ist es oft ausreichend, wenn Bewerber schlüssig belegen, dass sie über tägliche PC-Praxis verfügen und deshalb in der Lage sind, sich schnell in neue Programme einzuarbeiten.

Die tägliche Praxis zählt

Fachliche Kenntnisse allein reichen heute jedoch nicht mehr aus, um qualifizierte Berufe erfolgreich ausüben zu können. Deshalb machen wir Sie jetzt mit der zweiten Gruppe von Anforderungen – den persönlichen Fähigkeiten – vertraut.

Moderne Anforderungen: persönliche Fähigkeiten

Wenn Sie die Stellenanzeigen einer beliebigen Zeitung überfliegen, merken Sie schnell, dass bestimmte Schlüsselbegriffe in den einzelnen Anzeigen immer wieder auftauchen, beispielsweise Flexibilität, Motivation, Kommunikationsfähigkeit, Initiative, Organisationsgeschick und viele andere. Diese Schlüsselbegriffe haben keinen direkten Bezug zu den fachlichen Kenntnissen der Bewerberinnen und Bewerber, sondern beziehen sich auf die Person. Daher werden sie auch persönliche Fähigkeiten, außerfachliche Fähigkeiten, Soft Skills oder auch soziale Kompetenz genannt. Es geht bei den persönlichen Fähigkeiten darum,

Soziale Kompetenz

- wie Sie Ihre Fachkenntnisse zur Lösung von beruflichen Aufgaben einsetzen und
- wie Sie bei der Arbeit mit Kollegen, Mitarbeitern und Kunden umgehen.

Das bloße Vorhandensein von Fachwissen genügt nicht mehr,

das Wissen muss zur Lösung beruflicher Aufgaben eingesetzt werden können. Hierzu sind bestimmte Fähigkeiten vonnöten, die Sie immer wieder in Stellenanzeigen lesen können. Die fünf wichtigsten persönlichen Fähigkeiten, um Fachwissen im Beruf umsetzen zu können, haben wir für Sie zusammengefasst und näher erläutert:

- Kundenorientierung
- Teamarbeit und Projektarbeit
- selbstständiges Arbeiten
- Belastungs- und Kritikfähigkeit
- Lernbereitschaft

Im Vordergrund: die Lösung beruflicher Aufgaben

Kundenorientierung

Qualifizierte Berufe, wie beispielsweise Bürokauffrau, Bankkaufmann, Industriekauffrau, Kaufmann im Groß- und Außenhandel, Steuerfachangestellte, Versicherungskaufmann oder Reiseverkehrskauffrau, haben alle gemeinsam, dass die Orientierung auf den Kunden und seine speziellen Wünsche immer wichtiger wird. Der Grund für diese Entwicklung liegt darin, dass die angebotenen Produkte und Dienstleistungen heute immer austauschbarer werden.

Deswegen sind die Aspekte der Dienstleistung im Wettbewerb um die Gunst des Kunden entscheidend geworden: Wer behandelt seine Kunden so, dass sie auch noch das nächste Mal zu ihm kommen? Wer bietet den besten Service, nachdem ein Produkt verkauft wurde? Wer ist in der Lage, fachlich zu beraten und Terminvorgaben einzuhalten?

Erfolg durch Kundenbindung

Wenn Sie der Forderung nach Kundenorientierung gerecht werden wollen, müssen Sie verdeutlichen, dass Sie wissen, wie wichtig enge Kundenbindungen für den Unternehmenserfolg sind. Sie müssen vermitteln können, dass Sie keine Angst vor

Kundenkontakt haben und dass Sie über die notwendigen sprachlichen Ausdrucksfähigkeiten und eine gute Portion an Verhandlungsgeschick verfügen.

Teamarbeit und Projektarbeit

Teamfähigkeit bezeichnet die Fähigkeit, zusammen mit anderen Menschen berufliche Aufgabenstellungen lösen zu können. Diese persönliche Fähigkeit wird von Unternehmensseite als unverzichtbare Eigenschaft von Bewerbern angesehen. Der schweigsame Einzelkämpfer, der Informationen für sich behält, alleine vor sich hinarbeitet und keinen Kontakt zu den anderen Beschäftigten hält, ist in einem Unternehmen nicht lange überlebensfähig. Teamarbeit bedeutet allerdings auch nicht, sich hinter einer Gruppe zu verstecken und nur dann aufzutauchen, wenn es um die Belohnung für gute Gruppenleistungen geht. Optimale Teamergebnisse gelingen nur dann, wenn Mitarbeiter mitdenken, Vorschläge machen und sich selbst überlegen, wie sie Arbeitsabläufe verbessern können.

Teamfähigkeit und Wissensvernetzung

Projektarbeit ist eine Variante der Teamarbeit. Im Unterschied zur klassischen Teamarbeit werden zur Bewältigung von Aufgaben nicht nur Mitarbeiter aus einer Abteilung oder Arbeitsgruppe, sondern aus verschiedenen Abteilungen eingesetzt. Soll beispielsweise in einer Bank ein neues Modell für Girokonten entwickelt werden, ist dafür das Wissen von unterschiedlichen Experten gefragt. Die Werbeprofis schmieden Pläne für eine Marketingkampagne, die Kostenexperten errechnen am Computer, zu welchen Preisen das neue Konto angeboten werden kann, und die Kundenberater überlegen, wie sie im Gespräch am Schalter möglichst viele Kunden von den Vorzügen des neuen Girokontos überzeugen können. Dies alles geschieht in ständiger Abstimmung untereinander. Regelmäßige Konferenzen und Treffen begleiten den Arbeitsprozess bis zur Markteinführung.

Teamfähigkeit und die Fähigkeit zur Projektarbeit lassen sich nicht einfach von oben herab verordnen, sondern müssen bereits während der Ausbildung und während der ersten Berufsjahre entwickelt worden sein. Im Vorstellungsgespräch werden Ihnen manchmal spezielle Fragen gestellt, um festzustellen, wie teamfähig Sie sind (sehen Sie hierzu das Kapitel »Auf diese Fragen müssen Sie sich einstellen«).

Teamfähigkeit vermitteln

Selbstständiges Arbeiten

Begriffe wie »Eigeninitiative«, »Verantwortung«, »einsatzfreudig«, »engagiert«, »aufgeweckt« oder »selbstständig« werden Sie häufig in Stellenanzeigen lesen. Das zeigt deutlich, dass das eigenständige Handeln der Mitarbeiter trotz vermehrter Teamarbeit noch lange nicht abgeschafft worden ist. Im Gegenteil: Da in den Unternehmen viele Hierarchieebenen der Entscheidungs- und Informationswege immer weiter aufgelöst werden, wachsen die Ansprüche an das eigenverantwortliche Handeln der Beschäftigten. Auch wenn Teams Erfolge erzielen wollen, muss jeder Einzelne seinen Arbeitsbereich im Griff haben und in der Lage sein, Aufgaben selbstständig zu strukturieren und zu lösen.

Eigenverantwortung hevorheben

Belastungs- und Kritikfähigkeit

Bei prall gefüllten Auftragsbüchern werden Beschäftigte größeren Arbeitsbelastungen ausgesetzt. Nimmt der Druck zu, kann der Umgangston im Unternehmen schon etwas rauer werden. Von den Mitarbeitern wird dementsprechend erwartet, dass sie in der Lage sind, diesen stärkeren Druck über eine gewisse Zeit auszuhalten. Ihre Fähigkeiten im Umgang mit Stress am Arbeitsplatz sind daher enorm wichtig. Wer unter Stress schnell die Nerven verliert, wer sich mehr damit beschäftigt, darüber zu diskutieren, wer etwas falsch gemacht hat, statt nach Lösungen zu suchen, oder wer sich beleidigt in die Schmollecke zurückzieht, kassiert Minuspunkte. Die Unternehmen brauchen Mitarbeiter, die sich auch bei Gegenwind nicht gleich unterkriegen lassen und Belastungen aushalten. Darüber hinaus sollten Mitarbeiter auch über die Bereitschaft verfügen, Kritik anzunehmen und sich damit auseinander zu setzen.

Der Umgang mit Stress

Wir wissen aus unserer Beratungserfahrung, dass Personalverantwortliche im Vorstellungsgespräch oft versuchen, die Belastungs- und Kritikfähigkeit von Bewerbern zu überprüfen. Dazu setzen sie Stressfragen ein, die Sie unter Druck setzen sollen. Eine beliebte Stressfrage ist zum Beispiel: »Wie gehen Sie mit ungerechtfertigter Kritik um?« (Weitere Tipps zum Umgang mit Stressfragen finden Sie im Kapitel »Kommunikationstechniken«.)

Lernbereitschaft

Damit Firmen im Wettbewerb um die Kunden bestehen können, ist die regelmäßige Teilnahme der Mitarbeiter an Fort- und Weiterbildungsmaßnahmen unverzichtbar. Vor allem Computerkenntnisse veralten schnell. Ständig werden neue EDV-Systeme und -Programme auf den Markt gebracht. Auch die angebotenen Produkte und Dienstleistungen der Firmen verändern sich, und es kann nur der sachkundig beraten, der sich vorher gründlich mit der Angebotspalette beschäftigt hat. Dazu werden Produkt- und Verkaufsschulungen durchgeführt, aber es wird auch erwartet, dass sich die Mitarbeiter selbstständig über Veränderungen informieren.

Flexibilität und Einsatzbereitschaft

Im Vorstellungsgespräch versuchen die Personalverantwortlichen zu überprüfen, ob die Bereitschaft zu regelmäßigem Lernen vorhanden ist. Dazu gehören beispielsweise die Fragen:

»Welches Buch haben Sie zuletzt gelesen?«, »Haben Sie neben der Berufstätigkeit Weiterbildungskurse besucht?« oder »Wenn Sie Geld hätten und ein Jahr nicht zu arbeiten bräuchten, was würden Sie dann machen?« (Weitere Fragen und mögliche Antworten zu diesem Themenkomplex finden Sie in den Kapiteln »Auf diese Fragen müssen Sie sich einstellen« und »Die 100 häufigsten Fragen und die besten Antworten«).

Überprüfung und Darstellung persönlicher Fähigkeiten

Alle Unternehmen wünschen sich von ihren Mitarbeitern die speziellen persönlichen Fähigkeiten, die zur Bewältigung von beruflichen Aufgaben benötigt werden. Persönliche Fähigkeiten lassen sich aber nicht so leicht erfassen oder gar benoten wie Fachkenntnisse. In Schul- und Ausbildungszeugnissen gibt es keine Noten für Flexibilität, Kreativität oder Teamfähigkeit, und Arbeitszeugnisse sind ebenfalls selten aussagekräftig, was persönliche Fähigkeiten anbelangt.

Hinzu kommt das Problem, dass – wie in der Mode – ganz bestimmte Trends vorherrschen und der größte Teil der Stellenanzeigen ein ähnliches Vokabular aufweist, um die Persönlichkeit des Wunschkandidaten zu beschreiben. So kommt es, dass sich mittlerweile jeder Bewerber im Vorstellungsgespräch als »motiviert, kreativ und teamfähig« bezeichnet. Dieser Austausch von Schlagworten erinnert unangenehm an Kontaktanzeigen in Stadtmagazinen, wo sich jeder Zweite als spontan, witzig oder ausgeflippt vorstellt und man das Gefühl nicht loswird, dass all diese tollen Typen am liebsten mit Chipstüte und Bierflasche vor dem Fernseher hocken.

Persönliche Fähigkeiten überzeugend darlegen

Eine der wesentlichen Aufgaben von Personalabteilungen ist es deshalb, diejenigen, die über die gewünschten persönlichen Fähigkeiten verfügen, von denen zu unterscheiden, die es nur behaupten. Darum werden Sie in unseren Übungen und Hinweisen trainieren, damit Sie die gefragten persönlichen Fähigkeiten im Vorstellungsgespräch überzeugend belegen können.

Fachliche Kenntnisse und persönliche Fähigkeiten erkennen

Welche fachlichen Kenntnisse und welche persönlichen Fähigkeiten bei Bewerbern gefragt sind, haben wir Ihnen gezeigt. Jetzt geht es darum, dieses Wissen anzuwenden.

Wir werden Ihnen mit einer Übung zeigen, wie Sie die konkreten Erwartungen herausfiltern, die ein Unternehmen an seine zukünftigen Mitarbeiter stellt.

Versuchen Sie, in den folgenden Stellenanzeigen die Anforderungen zu erkennen, und ordnen Sie die einzelnen Anforderungsmerkmale den fachlichen Kenntnissen und den persönlichen Fähigkeiten zu. Zunächst einmal ein Übungsbeispiel, damit Sie sehen, was wir damit meinen.

Kauffrau/-mann der Grundstücks- und Wohnungswirtschaft

Anzeige 1

»Sie haben Erfahrung im Bereich Buchhaltung/Abrechung für WEG-Objekte und Zinshäuser. Wir erwarten von unserer/m neuen Mitarbeiter/in, dass sie/er flexibel, selbstständig und teambezogen arbeitet. Sie sollten Weiterbildungsmaßnahmen offen gegenüberstehen.«

Lösung

»Flexibel und selbstständig« beziehen sich auf »selbstständiges Arbeiten«. Das »teambezogen« verweist auf »Teamarbeit und Projektarbeit«. Die »Offenheit gegenüber Weiterbildungsmaßnahmen« gehört zu »Lernbereitschaft«. »Erfahrung im Bereich Buchhaltung/Abrechnung für WEG-Objekte und Zinshäuser« bezieht sich auf »Berufskenntnis«.

Netzwerk- und Systemadministrator/in

»Ihre Hauptaufgabe sehen wir in der Betreuung unserer LAN-/WAN-Netzwerke unter TCP/IP. Darüber hinaus sollten Sie die gängigen MS-Backoffice-Produkte beherrschen. Aufgrund unserer Internationalität ist gutes Englisch in Wort und Schrift erforderlich. Sie überzeugen uns, wenn Sie kommunikativ und teamfähig sind.«

Anzeige 2

Kreditsachbearbeiter/in

»Sie bearbeiten selbstständig Firmenkundenengagements, inklusive der Fertigung von Entscheidungsvorlagen, Kredit- und Darlehensverträgen einschließlich der erforderlichen Sicherungsverträge und des laufenden Schriftverkehrs. Neben einer soliden Bankausbildung und guten Fachkenntnissen verfügen Sie über Erfahrungen in der Kreditsachbearbeitung.«

Anzeige 3

Vertriebsbeauftragte/r

»Sie sollen potenzielle Kunden durch Kreativität und Ideenreichtum für unsere Produkte begeistern, Veranstaltungen durchführen und individuelle Lösungen mit den Kunden erarbeiten. Wir erwarten solides betriebswirtschaftliches Knowhow, Erfahrung in der Neukundengewinnung, eine teamorientierte Arbeitsweise und Organisationstalent.«

Anzeige 4

Sachbearbeiter/in für den Bereich Hochbau

Anzeige 5

»Wir wünschen uns eine/n Mitarbeiter/in mit Berufserfahrung im Bereich Hochbau. Wir erwarten fundierte EDV-Erfahrung, insbesondere Kenntnisse in den Programmen Word und Excel. Wenn Sie außerdem aufgeschlossen sind, über Teamfähigkeit verfügen, Verhandlungsgeschick sowie Überzeugungs- und Durchsetzungsvermögen zu Ihren Fähigkeiten zählen, sollten Sie sich angesprochen fühlen.«

Chefsekretär/in bzw. Assistent/in

Anzeige 6

»Ihr zukünftiger Chef erwartet, dass Sie über eine fundierte Sekretariatsausbildung verfügen und Ihre Qualifikation bereits in ähnlicher Position bewiesen haben. Sie sollten die englische Sprache in Wort und Schrift beherrschen und ein sehr gutes Zahlenverständnis haben. Die Position verlangt ein ausgeprägtes kaufmännisches Verständnis und die Bereitschaft, komplexe Sachverhalte zu begleiten.«

Schema für die Selbstpräsentation

Es ist wichtig, dass Sie eine Struktur haben, in die Sie die wichtigen Informationen über sich einarbeiten können. Deshalb stellen wir Ihnen jetzt ein Schema vor, das Sie bei der Aufbereitung Ihrer Selbstpräsentation verwenden sollten.

Üblicherweise beginnen unvorbereitete Bewerberinnen und Bewerber ihre Selbstpräsentation mit den am weitesten zurückliegenden Ereignissen. Weit verbreitet sind daher Selbstdarstellungen im Stil von: »Ich ging in meinem Heimatort zur Grundschule, dann wechselte ich zur Realschule in die benachbarte Stadt, danach machte ich eine Ausbildung zum ..., heute bin ich ..., meine Hobbys sind ...«.

Die Selbstpräsentation aufbereiten

Dieser Aufbau orientiert sich zu sehr an Ihrem Lebenslauf, den die Personalverantwortlichen in der Regel schon kennen. Die für die Ausübung der neuen beruflichen Tätigkeit wichtigen Fakten fallen jedoch unter den Tisch. Oft wird bei dieser Selbstdarstellung auch nur die aktuelle Berufsbezeichnung und nicht die konkreten Tätigkeitsfelder genannt. Ein individuelles Bewerberprofil wird aber nicht deutlich. Die Personalverantwortlichen können aus dieser Selbstdarstellung nicht klar erkennen, warum der Bewerber für die ausgeschriebene Stelle geeignet ist.

Orientieren Sie sich bei Ihrer Selbstpräsentation an dem von uns aus unserer Beratungspraxis entwickelten Schema. Sie werden sich mit dieser aussagekräftigen Art der Selbstdarstellung im Vorstellungsgespräch erhebliche Vorteile gegenüber unvorbereiteten Bewerbern erarbeiten. Dieses Schema fängt mit den momentanen Tätigkeitsfeldern an und erst danach wendet es sich zurückliegenden – und für die jetzige Position wichtigen – Stationen Ihres Lebens zu.

Die richtige Reihenfolge

- Stellen Sie die Aufgaben, die Sie in Ihrer momentanen Position bearbeiten, an den Anfang Ihrer Selbstpräsentation.
- Heben Sie die Tätigkeiten hervor, die einen Bezug zur neuen Stelle haben.
- Erläutern Sie Ihre berufliche Entwicklung. Machen Sie klar, welche Stationen in Ihrem Leben Sie für Ihre jetzige Position qualifiziert haben.

Die derzeitigen Aufgaben: Sie sollten Ihre Selbstpräsentation mit der Darstellung Ihrer momentanen Tätigkeit beginnen. Die bloße Nennung Ihrer beruflichen Position ist zu wenig. Stellen Sie umfassend Ihre Tätigkeitsfelder in Ihrer jetzigen Position dar. Ihre aktuelle Stelle ist der Hauptanknüpfungspunkt im Vorstellungsgespräch.

Der Bezug zur neuen Stelle: Die Tätigkeiten, die Sie als relevant für die neue Stelle sehen, sollten Sie ausführlicher darstellen. Dies können von Ihnen wahrgenommene Sonderaufgaben, umfassende Branchenkenntnisse oder die Leitung von Projekten sein. Sie sollten aber auch die erfolgreiche Bewältigung von Routineaufgaben, die Sie auch in der neuen Stelle erwarten, betonen. Den Bezug zur neuen Stelle können Sie auch durch die Darstellung von Fort- und Weiterbildungsmaßnahmen herstellen. Wenn Sie neue Kenntnisse und Fähigkeiten, die für die neue Stelle wichtig sind, erworben haben, sollten Sie diese auch hervorheben.

Praxisbezogen argumentieren

Die berufliche Entwicklung: Gehen Sie ausgehend von Ihrer momentanen Position nun zurück und nennen Sie die beruflichen Stationen, die vor Ihrer heutigen Tätigkeit liegen. Erläutern Sie, wie Sie sich bei Ihrem jetzigen Arbeitgeber entwickelt haben, für welche anderen Firmen Sie bereits gearbeitet haben, mit welcher Einstiegsposition Sie Ihre berufliche Entwicklung begonnen haben und welche Ausbildung oder welches Studium Sie absolviert haben.

Präsentation eines IT-Beraters

Beispiel

Die derzeitigen Aufgaben: »Ich bin momentan als IT-Berater tätig. Zu meinen Aufgaben gehört die Konfiguration von Netzwerken, die Softwareschulung und das Programmieren von arbeitsplatzbezogenen Tools.«

Der Bezug zur neuen Stelle: »Ich möchte als IT-Projektmanager bei Ihnen tätig werden, da ich meine Erfahrungen in der Leitung von Projektteams ausbauen möchte. Im E-Commerce-Bereich habe ich bereits Aufbauarbeit geleistet. Die Arbeit mit Intra- und Internet-Technologien ist mir vertraut.«

Die berufliche Entwicklung: »Vor meiner derzeitigen Position als IT-Berater war ich als Softwareentwickler tätig. Der Schwerpunkt lag damals auf der objektorientierten Programmierung von Bedienungsoberflächen. Mein Studium der Informatik war die Basis für meinen Berufseinstieg. Die aktuellen Entwicklungen im Hard- und Softwarebereich habe ich stets verfolgt. Neben dem Besuch von Fachmessen habe ich Seminare in der Internetprogrammierung belegt.«

Die aussagekräftige Selbstpräsentation

Üben Sie nun, Ihre Selbstdarstellung aussagekräftig zu gestalten. Entwickeln Sie zur Vorbereitung auf Vorstellungsgespräche Ihre Selbstpräsentation anhand unseres vorgestellten Schemas.

- »Momentan arbeite ich als . . . .
  (Berufsbezeichnung eintragen)

- Zu meinen Aufgaben gehört . . . .
  (Tätigkeit 1 eintragen)

. . . .
(Tätigkeit 2 eintragen)

. . . .
(Tätigkeit 3 eintragen)

- »Ich möchte gerne als . . . .
  (Bezeichnung der ausgeschriebenen Position)

bei Ihnen tätig werden, da ich bereits die folgenden Aufgaben erfolgreich bearbeitet habe: . . . .
(Zur neuen Stelle passende

. . . . Tätigkeiten hervorheben und ausführlich darstellen.)

Eine Weiterbildung zum . . . .
habe ich berufsbegleitend durchgeführt.«

• »Vor meiner jetzigen Tätigkeit war ich als . . . .

. . . .

bei der Firma . . . .

beschäftigt.« Oder: »Vor meinem Aufstieg zum . . . .

. . . .

habe ich in meiner Firma die Aufgaben eines . . . .

. . . .

übernommen. Meine berufliche Entwicklung begann ich
als . . . .
Basis dafür war meine Ausbildung zum . . . .
/mein Studium der . . . .   «

Lösen Sie sich von der herkömmlichen Selbstdarstellung,
die mit der Schule beginnt und beim Hobby Joggen auf-
hört. Präsentieren Sie sich potenziellen Arbeitgebern, indem Sie die für die neue Position wichtigsten Kenntnisse
und Fähigkeiten hervorheben. Machen Sie den Personalverantwortlichen den roten Faden deutlich, der sich durch
Ihre berufliche Entwicklung zieht.

In der Regel müssen Sie in einem Vorstellungsgespräch mehrere
Personen von Ihren fachlichen Kenntnissen und persönlichen
Fähigkeiten überzeugen. Häufig treffen Sie auf sehr unterschiedliche Gesprächspartner (Näheres hierzu finden Sie im
Kapitel »Wer wird Ihnen gegenübersitzen?«). Sie sollten deshalb in der Lage sein, jeden Gesprächsteilnehmer mit dem
prägnanten Kurzvortrag von Ihrem Profil zu überzeugen,
das heißt, herauszustellen, was Sie für die zu vergebende
Stelle geeignet macht. Dafür brauchen Sie die vorgestellte
aussagekräftige Selbstpräsentation.

Wir wissen aus unserer Beratungstätigkeit, dass vielen Menschen das Ausformulieren der Selbstpräsentation schwer fällt.

Unterschiedliche Gesprächspartner überzeugen

Dies liegt daran, dass die Abstufungen zwischen Überheblichkeit und übertriebener Selbstdarstellung auf der einen Seite und Unterwürfigkeit und Graue-Maus-Image auf der anderen Seite sehr fein erscheinen. Es ist nicht einfach, den richtigen Ton für die Darstellung der eigenen Person zu finden. Deshalb sollten Sie sich viel Zeit dafür nehmen und Ihre Selbstpräsentation auch ruhig einmal an Freunden »testen«.

Aus unserer Beratungspraxis
Bewerbungsgespräch ohne Inhalt

Beratung

Ein Abteilungsleiter, der im Einkauf eines mittelständischen Unternehmens tätig war, kam zu uns, weil sein beabsichtigter Stellenwechsel immer wieder am Vorstellungsgespräch scheiterte. Seiner Meinung nach war er auf Bewerbungsgespräche gut vorbereitet, und er wusste auch, dass er aufgrund seiner Qualifikationen sehr gefragt war.

Sein Qualifikationsprofil war in der Tat interessant, aber er hatte in Vorstellungsgesprächen immer wieder den gleichen Fehler begangen. Er war der Meinung, ein Bewerbungsgespräch sei »ein reines Schaulaufen ohne Inhalte«, in dem jede Seite versuche, die andere auszutricksen. Aus diesem Grund hatte er die Darstellung seines beruflichen Profils völlig vernachlässigt.

Seine Vorstellungsgespräche liefen meist ähnlich ab: Auf die Aufforderung »Beschreiben Sie sich einmal selbst!« reagierte er immer mit dem Satz: »Ich bin verheiratet, angele gerne und meine beruflichen Aufgaben dürften Ihnen klar sein.«

Nachdem wir mit ihm eine aussagekräftige Selbstpräsentation erarbeitet hatten, war er in der Lage, sein Profil klar und prägnant darzustellen und in Beispielen auf seine beruflichen Erfolge hinzuweisen. Sein erstes Vorstellungsgespräch mit der neuen Selbstpräsentation verlief zu seiner Überraschung sehr angenehm. Die angespannte Verhöratmosphäre der früheren Vorstellungsgespräche kam nicht mehr auf. Stattdessen konnte er jetzt seine beruflichen Erfolge in den Vordergrund stellen. Sein Aufstieg zum Bereichsleiter gelang.

Fazit: Viele Bewerber haben das Problem, dass sie das Vorstellungsgespräch als rhetorischen Schlagabtausch begreifen. Sie übersehen dabei völlig, dass für die Personalverantwortlichen der Bewerber mit seiner Persönlichkeit und seinen Qualifikationen im Mittelpunkt steht. Eine ausgearbeitete Selbstpräsentation, die Ihre fachlichen Kenntnisse und persönlichen Fähigkeiten anhand von Beispielen aus der beruflichen Praxis dokumentiert, ist eine unverzichtbare Vorarbeit für erfolgreiche Bewerbungsgespräche.

Werbung in eigener Sache

Wir geben Ihnen im Folgenden Tipps und Hinweise dafür, wie Sie die Werbung in eigener Sache – Ihre Selbstpräsentation – so gestalten können, dass Sie überzeugen, ohne dabei selbstgefällig, herablassend oder arrogant zu wirken.

Fehler in der Selbstpräsentation

Sie verfügen jetzt über das nötige Wissen, um sich im Vorstellungsgespräch als geeigneter Kandidat, als geeignete Kandidatin darzustellen. Doch aus unseren Kontakten zu Personalverantwortlichen und Personalberatungen wie auch aus unserer

Christian Püttjer & Uwe Schnierda: »Souverän im Vorstellungsgespräch«, Campus Verlag 2006, ISBN 978-3-593-38127-8, Seiten 149, 150, 152.

Aufgrund eines technischen Fehlers sind die Angaben in der Übersicht auf S. 149 f. in DM gemacht. Wir bitten dies zu entschuldigen. Korrekt lautet die Übersicht:

Gehälter von Angestellten (jeweils in Euro)

Unternehmens- größe (Anzahl Beschäftigte)	Abteilungs- leiter	Gruppen- und Projekt- leiter	Qualifizierte Spezialisten	Sachbe- arbeiter
bis 150	64527	54280	48384	40434
151 bis 500	68673	56286	49856	41794
501 bis 1500	73311	57707	50035	43048
1501 bis 6500	77467	60168	52715	45190
Branche				
Maschinen- und Fahrzeugbau	74293	56306	49588	45530
Elektrotechnik, Elektronik	76695	56437	49577	43437
Chemie, Pharma	78578	61299	51535	42569
Bau, Baustoffe	71024	59864	47999	41479
Flugzeugbau	72186	63784	54431	49773
Nahrungs- und Genussmittel	71849	54713	49088	41953
Metall	74161	56553	47976	39561
Feinmechanik, Optik	73432	55049	50777	47481
Finanzdienst- leistungen	71287	59838	53145	43572
Unternehmens- beratung	85314	62085	49551	41675
Verkehr, Tourismus	68347	61412	48537	43795
Handel	68334	56097	49750	42412
Handwerk	55770	56636	39360	k. A.

Quelle: Vergütungsstudie der Gesellschaft für Verhaltensanalyse und Evaluation, München (Befragung von 25000 Fach- und Führungskräften)/eigene Berechnungen

Im Beispiel »Taktisch verhandeln« auf Seite 152 sind 47500 Euro gemeint, nicht 93000 DM.

eigenen Beratungstätigkeit wissen wir, dass bei der Selbstdarstellung von Bewerbern im Vorstellungsgespräch immer wieder die gleichen Fehler gemacht werden.

Damit Sie sehen, welche Fehler Sie unbedingt vermeiden sollten, erst einmal zwei Beispiele für eine misslungene Selbstpräsentation.

Misslungene Selbstpräsentationen

In einem unserer Workshops zur Vorbereitung auf Bewerbungsgespräche brachten Teilnehmer die folgenden zwei Stellenanzeigen mit. Die beiden Selbstpräsentationen, die ohne Vorbereitung von den Teilnehmern geliefert wurden, sehen Sie bitte als Negativbeispiele, wie Sie es nicht machen sollen. Die Zahlen, die wir vergeben haben, weisen auf die Art des Fehlers hin. Die Erläuterungen dazu finden Sie im Anschluss an die beiden Negativbeispiele.

Beispiel

»Zur Verstärkung unseres Teams suchen wir eine/n

Vertriebsassistenten/in.

Wir stellen Software- und Hardware-Lösungen für die Videobearbeitung her. Unsere Kunden sind Zeitungsverlage, Radiostationen, Online-Dienste, private und öffentlich-rechtliche TV-Sender, Werbeagenturen. Sie werden bei der Bedarfs- und Problemanalyse bei diesen Kunden und bei der Ausarbeitung von Lösungskonzepten und Offerten mitwirken, unsere Key-Account-Manager bei Vorträgen und Präsentationen unterstützen und eine Vielzahl von organisatorischen Aufgaben wahrnehmen. Ein weiterer Schwerpunkt wird die Akquisition von Neukunden in den o. g. Bereichen sein. Sie sollten eine abgeschlossene kaufmännische Ausbildung mitbringen und mindestens zwei Jahre Berufserfahrung.«

Anzeige 1

»Mich reizt die Möglichkeit, meine verkäuferischen Fähigkeiten bei Ihnen als Vertriebsassistent auszuprobieren. ❶, ❷

Negativ-
beispiel
Da mich mein derzeitiges Aufgabengebiet nicht ausfüllt, suche ich zum nächstmöglichen Zeitpunkt eine Tätigkeit mit größerer Verantwortung und vielfältigeren Aufgabenbereichen. ❷

In meiner jetzigen Firma werde ich nicht mehr viel weiter kommen, da ich mit meinem Vorgesetzten nicht besonders gut auskomme. ❸, ❼

Ich verfüge über eine hohe Leistungs- und Lernbereitschaft und bin teamfähig, kreativ, flexibel und motiviert. ❹ Ich glaube, dass ich der Richtige für Sie bin.« ❻

Wir sind ein mittelständisches Maschinenbauunternehmen mit zukunftsorientierten und innovativen Technologien auf dem internationalen Markt. Zur Verstärkung unseres Service-Teams suchen wir eine/n

Servicetechniker/in

Anzeige 2
zur selbstständigen Durchführung von Inbetriebnahme, Wartung und Instandsetzung CNC-gesteuerter Werkzeugfräsmaschinen im Großraum Stuttgart für die Betreuung des gesamten Bundesgebietes. Sie verfügen über Erfahrung im Bereich Maschinenbau, insbesondere in Mechanik, Elektronik und Hydraulik.
Neben Ihrem Fachwissen überzeugen Sie durch Selbstständigkeit und gutes Auftreten im Umgang mit Kunden. Für diese Tätigkeit sind einige Jahre Berufserfahrung erforderlich. Zu Ihren persönlichen Eigenschaften zählen Kommunikationsfähigkeit, eine kostenbewusste, zielorientierte und selbstständige Arbeitsweise sowie Flexibilität und Belastbarkeit.«

»Es würde mich interessieren, die von Ihnen angebotenen beruflichen Entwicklungschancen nutzen zu können. Ich habe mehrere Jahre lang berufliche Erfahrungen gesammelt. ❷

Bisher habe ich in Auftragsbearbeitung und der Endmontage gearbeitet und habe an verschiedenen Projekten mitgearbeitet. ❶, ❷

Negativbeispiel

Den von Ihnen verlangten Anforderungen gerecht zu werden, wird sicherlich nicht leicht für mich, ich hoffe jedoch, es mit gezielter Unterstützung durch Ihr Unternehmen zu schaffen. ❼ Aus persönlichen Gründen bin ich sehr an der von Ihnen im Raum Stuttgart angebotene Stelle interessiert. ❸

Als Trainerin einer Herren-Volleyballmannschaft habe ich Kommunikation und Durchsetzungsfähigkeit gelernt. Ich arbeite zielorientiert und flexibel. ❹ Ich bin ein Mensch, der nicht ungeduldig wird und nicht so schnell aufgibt.« ❺

Unsere beiden Negativbeispiele enthalten Fehler, die Sie bei der Erstellung Ihrer Selbstpräsentation vermeiden können:

Fehler ❶: fachliche Anforderungen werden nicht erkannt und belegt
Fehler ❷: Profillosigkeit
Fehler ❸: kontraproduktive Ehrlichkeit
Fehler ❹: Leerfloskeln für persönliche Fähigkeiten
Fehler ❺: Nicht- und Negativ-Formulierungen
Fehler ❻: übertrieben positive Selbstbewertung
Fehler ❼: Selbstanklage

Fehler ❶: *Fachliche Anforderungen werden nicht erkannt und belegt:* Bewerberinnen und Bewerber, die sich nicht mit den fachlichen Anforderungen, die von neuen Arbeitgebern verlangt werden, auseinander setzen, haben wenig Chancen.

Der Hinweis auf eine bisherige Tätigkeit als stellvertretender Kundendienstleiter (Beispiel 1) ist als Begründung für die Aufnahme einer neuen Tätigkeit als Vertriebsassistent wenig überzeugend. Personalverantwortliche fürchten nichts mehr als Berufstätige, die es – ohne nähere Begründung – schlicht reizvoll finden, etwas Neues auszuprobieren. Auf die weiteren fachlichen Anforderungen aus der Stellenanzeige geht der Bewerber aus unserem Negativbeispiel 1 nicht ein. Die verlangte Beratungskompetenz und das geforderte verkäuferische Geschick belegt der Bewerber ebenfalls nicht.

Chancen
erkennen und
umsetzen

Die Bewerberin aus dem Beispiel 2 erklärt, dass sie bisher in der Auftragsbearbeitung und der Endmontage gearbeitet hat. Dies ist deshalb ungeschickt, da für die ausgeschriebene Position als Servicetechnikerin Erfahrungen in der »Durchführung von Inbetriebnahme, Wartung und Instandsetzung von CNC-gesteuerten Werkzeugfräsmaschinen« verlangt werden. Diese Erfahrungen belegt die Bewerberin nicht.

Fehler ❷: *Profillosigkeit:* Personalverantwortliche suchen Bewerber, die sich aus der Masse herausheben. Ziellos operierende Bewerber, die sich – wie in Beispiel 1 – weniger für die einzelnen Aufgaben der zu vergebenden Position interessieren, sondern nur angeben, dass sie »vom derzeitigen Aufgabengebiet nicht ausgefüllt sind«, lassen bei Personalverantwortlichen die Alarmglocken klingeln. Die Reaktion, die Sie damit provozieren, lautet: »Warum hat sich der Bewerber nicht am derzeitigen Arbeitsplatz darum bemüht, zusätzliche Aufgaben und Projekte zu übernehmen?«

Anforderungs-
bezogen argu-
mentieren

Im Negativbeispiel 2 ist der Hinweis »Ich habe mehrere Jahre berufliche Erfahrungen gesammelt« zu allgemein. Die Profillosigkeit der Bewerberin zeigt sich auch darin, dass sie auf ihre Mitarbeit an »verschiedenen Projekten« verweist und weder auf die Projekte noch auf die Art ihrer Projektmitarbeit eingeht.

Beide Bewerber argumentieren zu wenig von den zu vergebenden Positionen und deren Anforderungen her. Dadurch entsteht ein Bild von durchschnittlichen und abwartenden Bewerbern.

Fehler ❸: *Kontraproduktive Ehrlichkeit:* Im Bewerbungsverfahren ist zu viel Ehrlichkeit immer dann kontraproduktiv, wenn Sie – ohne dazu verpflichtet zu sein – Persönliches ansprechen, mit dem Sie sich selbst in ein ungünstiges Licht stellen.

Probleme mit dem Vorgesetzten lassen den Bewerber in Beispiel 1 als Kandidaten erscheinen, der immer dann, wenn es Probleme am Arbeitsplatz gibt, auf »die anderen« als Schuldige verweist. Die Formulierung im Beispiel 2, »aus persönlichen Gründen bin ich an der Stelle im Raum Stuttgart interessiert«, ist bei weiblichen Bewerbern grundsätzlich problematisch. Personalverantwortliche gehen dann davon aus, dass zwischenmenschliche Beziehungen für die Bewerberin einen größeren Wert haben als die Bindung zum Arbeitgeber. Als Schlussfolgerung stellt sich automatisch ein: Wechselt der Partner der Bewerberin in eine andere Region, verlieren wir eine Mitarbeiterin.

Positive Selbstpräsentation

Fehler ❹: *Leerfloskeln für persönliche Fähigkeiten:* Die bloße Aufzählung von Begriffen aus dem Bereich persönliche Fähigkeiten ist ein typischer Fehler von Bewerbern. Ohne Beispiele und Belege sind die zugeordneten Eigenschaften »kreativ«, »flexibel«, »teamfähig« und »motiviert« nicht aussagekräftig.

Fehler ❺: *Nicht- und Negativ-Formulierungen:* Formulierungen wie »ich werde nicht schnell ungeduldig und gebe nicht schnell auf« (Beispiel 2) verwirren den Zuhörer. Er muss für sich übersetzen, was Sie eigentlich sagen wollen. Zuerst hört er nur die negativen Aussagen »bin ungeduldig« und »gebe schnell auf«, die er dann noch einmal für sich in positive Eigenschaften verwandeln müsste. Dies gelingt oft nicht. Um Ihnen diesen Fehler zu verdeutlichen, finden Sie im Folgenden dazu Beispiele und Übungen, damit Sie diesen Fehler in Ihren Vorstellungsgesprächen nicht mehr machen.

Eindeutig formulieren

Nicht-Formulierungen und die daraus resultierenden Missverständnisse

Wenn eine Bewerberin im Vorstellungsgespräch die Nicht-Formulierung »Ich ziehe mich bei Konflikten nicht zurück« benutzt, muss eine Personalverantwortliche diese Aussage aus kommunikationspsychologischer Sicht in zwei Schritten nachvollziehen, um sie für sich verständlich zu machen.

Beispiel 1 *Erstens:* Die Bewerberin zieht sich bei Konflikten zurück.
Zweitens: Nein, das tut sie nicht.

Selbst wenn die Personalverantwortliche es schafft, den zweiten Verständnisschritt zu tun, wird die beabsichtigte positive Aussage der Bewerberin (»Ich bin in der Lage, mich Konflikten zu stellen und unangenehme Situationen aufzulösen«), nicht deutlich. Es kann aber auch vorkommen, dass der zweite Schritt unter den Tisch fällt, dann steht ausschließlich die negative Selbstbeschreibung im Raum.

Hier noch ein Beispiel in Kurzform:

Ungeeignete Nicht-Formulierung eines Bewerbers: »Ich werde nicht schnell aufbrausend.« Die zwei Übersetzungsschritte des Personalverantwortlichen:

Beispiel 2 *Erstens:* Der Bewerber wird schnell aufbrausend.
Zweitens: Nein, das wird er nicht.

Beabsichtigte Aussage des Bewerbers: »Ich bleibe auch unter Druck gelassen.«

Vermeiden Sie es, sich selbst mit Aussagen zu beschreiben, die negativ verstanden werden können. Formulieren Sie eindeutig und positiv.

Überzeugend formulieren

Suchen Sie für die folgenden Nicht-Formulierungen Aussagen, die eindeutig und positiv sind.

»Ich drücke mich nicht vor komplizierten Aufgaben.«
Ihre positive Umformulierung: . . . .

. . . .

»Große Arbeitsbelastungen sind kein Problem für mich.«
Ihre positive Umformulierung: . . . .

. . . .

»Die Zusammenarbeit mit Kollegen stellt mich nicht vor
schwerwiegende Probleme.«
Ihre positive Umformulierung: . . . .

. . . .

»Mit meinen Vorgesetzten habe ich keinen Streit gehabt.«
Ihre positive Umformulierung: . . . .

. . . .

»Unter Zeitdruck verliere ich nicht die Nerven.«
Ihre positive Umformulierung: . . . .

. . . .

»Ich habe keine Schwierigkeiten damit, mich gegenüber
Kunden richtig zu verhalten.«
Ihre positive Umformulierung: . . . .

. . . .

Für Bewerbung und Vorstellungsgespräch sollten Sie lernen,
auf Nicht- und Negativ-Formulierungen zu verzichten. Beschreiben Sie sich lieber positiv und damit eindeutig. Unsere
Bewerberin aus dem Negativbeispiel 2 sollte in ihrer Selbst- **Positiv**
präsentation auf die Formulierung »Ich bin ein Mensch, der **formulieren**
nicht ungeduldig wird und nicht so schnell aufgibt« verzichten und stattdessen passender formulieren: »Ich behalte bei der
Lösung von anspruchsvollen technischen Aufgaben stets meine

Gelassenheit und bin ausdauernd, wenn es darum geht, Ziele zu erreichen.«

Fehler ⑤: *Übertrieben positive Selbstbewertung:* Seien Sie vorsichtig mit zu positiven Bewertungen. Wenn Sie Ihre fachlichen Kenntnisse und Ihre persönlichen Fähigkeiten zu sehr loben, provozieren Sie Ihre Zuhörer dazu, die Gegenposition einzunehmen. Dann wollen diese Ihnen nur noch zeigen, dass Sie sich irren.

Formulierungen wie »Ich glaube, dass ich der Richtige für Sie bin« (Beispiel 1) oder »Ich bin der Beste für diese Stelle!«, »Sie können aufhören zu suchen, nehmen Sie mich!« oder »Ich bin mir ganz sicher, dass ich für diese Position optimal geeignet bin!« dürfen deshalb in Ihrer Selbstpräsentation auf keinen Fall vorkommen. Personalverantwortliche, die derartige Selbstbewertungen hören, finden es überhaupt nicht witzig, dass man ihnen die Arbeit der Kandidatensuche abnehmen will. Sie fühlen sich durch jede übertrieben positive Selbstbewertung von Bewerbern herausgefordert, besonders gründlich nach den Einwänden zu suchen, die gegen den Bewerber sprechen.

Selbstbewertungen vermeiden

Fehler ⑤: *Selbstanklage:* Niemand wird für eine Tätigkeit eingestellt, weil er etwas nicht oder besonders schlecht kann. Vor Gericht wie im Bewerbungsverfahren gilt: Es besteht keine Selbstanklagepflicht. Wer auf Probleme mit Vorgesetzten hinweist (Beispiel 1) oder – leider – typisch weiblich darauf hinweist, dass sie nicht weiß, ob sie den Anforderungen der neuen Position gerecht wird (Beispiel 2), macht es sich unnötig schwer. Die Kunst der Selbstdarstellung besteht nicht darin, aufzuzählen, welche Schwächen man bei sich selbst sieht, sondern darin, zu zeigen, was man für die neue Stelle an Kenntnissen und Fähigkeiten mitbringt.

Kenntnisse und Fähigkeiten darstellen

Mit den typischen Fehlern bei der Werbung in eigener Sache haben wir Sie vertraut gemacht, jetzt zeigen wir Ihnen, mit welchen Überzeugungstechniken Sie es besser machen.

Überzeugungsregeln für Ihre Selbstpräsentation

Zur Erinnerung: »Begründen Sie bitte in drei Minuten, warum Sie in unserer Firma als XYZ arbeiten wollen!«, so lautet die Fragestellung, die Sie als Bewerber im Vorstellungsgespräch überzeugend beantworten können müssen. Unsere zwei folgenden Positivbeispiele für die Beantwortung dieser Frage beziehen sich genauso wie die vorherigen Negativbeispiele auf die Stellenausschreibungen für die Positionen Vertriebsassistent (Seite 43) und Servicetechnikerin (Seite 44).

Die Vorbereitung macht den Unterschied

Gelungene Selbstpräsentationen

Die beiden überzeugenden Selbstpräsentationen, die wir Ihnen jetzt vorstellen, erarbeiteten sich unsere Workshop-Teilnehmer nach einer Analyse ihres bisherigen Werdeganges und unter Berücksichtigung unserer Überzeugungsregeln. Die Zahlen, die wir vergeben haben, weisen auf die eingesetzte Überzeugungstechnik hin. Die Erläuterungen dazu finden Sie im Anschluss an die beiden Positivbeispiele.

Beispiele

Selbstpräsentation 1

»Ich bringe mehrjährige Berufserfahrung in den Bereichen Verkauf und Kundenservice mit. ❶, ❻ Die kundengerechte Bedarfs- und Problemanalyse ist mir aus der Großkundenbetreuung bekannt. ❶, ❻ Projekt- und Teamerfahrung sammle ich bei der Umstrukturierung des Kundenservice. ❹

Vor drei Jahren stieg ich als Einzelhandelskaufmann in die Firma Media World GmbH ein. Nach ersten Tätigkeiten im Verkauf übernahm ich die Neustrukturierung unseres Kundendienstes. ❹ Unser Projektteam gliederte Reparaturleistungen aus und installierte eine Service-Hotline. ❺, ❻ Das Vorstellen dieses neuen Konzeptes gegenüber Geschäftsleitung und Mitarbeitern war ebenso meine Aufgabe wie die Erstellung von Werbe- und Informationsmaterial in Zusammenarbeit mit einer Werbeagentur. ❸, ❺

Positivbeispiel 1

Neben meiner Arbeit belegte ich Weiterbildungskurse im Bereich Projektmanagement. ❷, ❹

Während meiner Ausbildung bei der Firma Antennensysteme GmbH & Co. KG konnte ich durch meine Mitarbeit bei Großkundenaufträgen auch die besonderen Gegebenheiten von Radio- und Fernsehsendern kennen lernen. Auch an Wochenenden arbeitete ich im 24-Stunden-Kundensupport. ❷, ❹, ❻

Neben meinen Erfahrungen in der Kundenbetreuung bringe ich gute Kenntnisse in Bürosoftware (MS Office) und auch die notwendige Abschlusssicherheit für Verkaufsgespräche mit.« ❶, ❸

Selbstpräsentation 2

»Ich verfüge über Berufserfahrung in der Inbetriebnahme, der Wartung und der Instandsetzung. ❶ Im Werkzeugmaschinenbau habe ich bereits bundesweit Serviceaufträge ausgeführt. ❶

Positiv-
beispiel 2
Momentan bin ich für die Firma Fräsmaschinen KG tätig. Dort betreue ich die Aufträge von der Abstimmung mit dem Kunden über die Konstruktion bis hin zur Inbetriebnahme. ❸, ❺

Vor meiner Fortbildung zur Technikerin habe ich als Energieanlagenelektronikerin im Sondermaschinenbau gearbeitet. ❷ Für die Firma Müller & Sohn Maschinenbau GmbH übernahm ich die Installation und Inbetriebnahme von Sondermaschinen. ❺, ❻

Bei meinem jetzigen Arbeitgeber stieg ich im Kundenservice ein, wo ich Umbauten und Erweiterungen von Werkzeugmaschinen plante, ausführte und die Kunden vor Ort beriet. ❹, ❻ Danach übernahm ich meine jetzige Position als bundesweit eingesetzte Servicetechnikerin. ❹

Gute E-CAD, SPS- und CNC-Kenntnisse sind für mich ebenso selbstverständlich wie fundierte Kenntnisse in den Bereichen Mechanik, Elektronik und Hydraulik. ❻ Ich spreche gut Englisch und würde mich freuen, wenn ich meine beruflichen Erfahrungen für Sie einsetzen könnte.«

Unsere Positivbeispiele haben sicherlich auch bei Ihnen eine ganz andere Wirkung hinterlassen als die vorangegangenen Negativbeispiele. Damit auch Sie sich eine überzeugende Selbstpräsentation für die Bewerbung auf Ihren neuen Arbeitsplatz erarbeiten können, stellen wir Ihnen jetzt die Überzeugungsregeln vor, mit denen Sie Ihr Ziel erreichen:

Regel ❶: Fachliche Anforderungen erkennen
Regel ❷: Aktivität zeigen
Regel ❸: Individuelles Profil darstellen
Regel ❹: Beispiele für persönliche Fähigkeiten geben
Regel ❺: Beschreiben statt bewerten
Regel ❻: Der Joker: Schlüsselbegriffe aus dem Tagesgeschäft benutzen

**So über-
zeugen Sie**

Regel ❶: *Fachliche Anforderungen erkennen:* Die beiden Bewerber aus den Positivbeispielen zeigen, dass sie sich mit den fachlichen Anforderungen, die an sie gestellt werden, auseinandergesetzt haben.

Der Bewerber für die Position als Vertriebsassistent aus dem Positivbeispiel 1 verweist auf seine Kenntnisse im Bereich Verkauf und Kundenservice und ergänzt diese Angaben durch den Hinweis auf seine Erfahrung in der Betreuung von Großkunden. Abgerundet wird der gute Eindruck von diesem Bewerber durch seine Kenntnisse im Umgang mit der verlangten Bürosoftware.

**Angaben
präzisieren**

Die Bewerberin aus dem Positivbeispiel 2 zeigt, dass sie weiß, welche Anforderungen für die erfolgreiche Ausübung der Tätigkeit als Servicetechnikerin beim neuen Arbeitgeber nötig sind. Die schlagwortartige Beschreibung ihrer Kenntnisse – Inbetriebnahme, Wartung und Instandsetzung von Sondermaschinen – erzielt erste Pluspunkte, die diese Bewerberin als überdurchschnittlich interessant erscheinen lassen.

Regel ❷: *Aktivität zeigen:* Bewerber zeigen Aktivität, wenn sie Zeit und Anstrengung über das übliche Maß hinaus aufwenden, um sich für neue Aufgaben zu qualifizieren.

Der Bewerber aus dem Beispiel 1 verweist auf seine Weiterbildungskurse im Projektmanagement. Aktivität in Form von besonderer Leistungsbereitschaft lässt dieser Bewerber zusätzlich dadurch erkennen, dass er auf seine Wochenendarbeit im 24-Stunden-Kundensupport hinweist. Die Bewerberin aus dem Beispiel 2 nennt ihre Fortbildung zur Technikerin. Sie macht damit deutlich, dass sie in ihrer beruflichen Entwicklung nicht stagniert und weiter vorankommen will.

Leistungsbereitschaft belegen

Regel ❸: *Individuelles Profil darstellen:* Von Profillosigkeit sprechen Personalverantwortliche immer dann, wenn es Bewerbern nicht gelingt, aus der Masse der Bewerber positiv herauszutreten. Aus unserer Erfahrung im Training und in der Beratung von Bewerbern wissen wir, dass dies meist ein Problem der Darstellung der eigenen Kenntnisse und Fähigkeiten ist. Fast jede Bewerberin und jeder Bewerber hat etwas Besonderes zu bieten, das sie beziehungsweise ihn von den anderen unterscheidet.

So stellt der Bewerber aus dem Positivbeispiel 1 heraus, dass er den Kundendienst bei seinem derzeitigen Arbeitgeber neu strukturiert hat und dass er über Abschlusssicherheit in Kundengesprächen verfügt. Die Bewerberin aus dem Beispiel 2 erwähnt, dass sie Aufträge von der Abstimmung mit dem Kunden über die Konstruktion bis hin zur Inbetriebnahme betreut hat. Damit stellt sie klar, dass Technik für sie nicht Selbstzweck, sondern Mittel zur Erfüllung von Kundenwünschen ist.

Das Profil schärfen

Regel ❹: *Beispiele für persönliche Fähigkeiten geben:* Unser Bewerber für die Position als Vertriebsassistent zeigt, dass er über die persönlichen Fähigkeiten »Leistungs- und Lernbereitschaft« verfügt, indem er erklärt, dass er Weiterbildungskurse im Projektmanagement belegt hat und an Wochenenden für den 24-Stunden-Kundensupport zuständig war. Seine »Projekt- und Teamfähigkeit« wird erkennbar durch die betriebsinterne Umstrukturierung des Kundenservice.

Unsere Bewerberin als Servicetechnikerin gibt Beispiele für ihre persönlichen Fähigkeiten »Kundenorientierung« und »selbstständiges Arbeiten« durch ihre »Beratung vor Ort« und die Planung und Ausführung von Umbau- beziehungsweise Erweiterungsmaßnahmen bei Werkzeugmaschinen. Ihre »Belastungsfähigkeit« wird an ihren bundesweiten Serviceeinsätzen sichtbar.

Beispiele statt Leerfloskeln

Beide Bewerber vermeiden durch die Verwendung konkreter Beispiele den Fehler, Leerfloskeln aufzuzählen, unter denen sich der Zuhörer alles und nichts vorstellen kann.

Regel **5**: *Beschreiben statt bewerten:* Die Fehler »kontraproduktive Ehrlichkeit« und »Selbstanklage« bei der Darstellung Ihrer Kenntnisse und Fähigkeiten können Sie durch die Verwendung der Überzeugungsregel »Beschreiben statt bewerten« vermeiden. Diese Überzeugungsregel hat außergewöhnlich große Wirkung, wenn sie richtig eingesetzt wird.

Mit ehrlichen Aussagen wie »Mein Vorgesetzter hat bei wichtigen Entscheidungen nie hinter mir gestanden«, »In meiner Abteilung wurde die meiste Zeit an der Kaffeemaschine verbracht« oder »In unserer Firma gehörte Mobbing zum Arbeitsalltag« kommen Sie bei der Erarbeitung Ihrer Selbstpräsentation und damit auf dem Weg zum neuen Arbeitsplatz nicht weiter.

Der Trick, der Sie überzeugend macht, lautet: beschreiben statt bewerten. Neutrale Beschreibungen haben Sie in den Positivbeispielen gelesen. Im Beispiel 1 heißt es: »Unser Projektteam gliederte Reparaturleistungen aus und installierte eine Service-Hotline« und »Das Vorstellen dieses neuen Konzeptes gegenüber Geschäftsleitung und Mitarbeitern war meine Aufgabe«. Die Bewerberin aus dem Beispiel 2 formuliert ebenfalls ohne Bewertungen: »Ich betreue Aufträge von der Abstimmung mit dem Kunden über die Konstruktion bis hin zur Inbetriebnahme« und »... übernahm ich die Installation und Inbetriebnahme von Sondermaschinen«.

Überzeugen mit sachlichen Formulierungen

Mit solchen sachlichen Formulierungen heben Sie sich von Dauerkritikern und Miesmachern wohltuend ab, denn jede geäußerte Kritik würde immer erst auf Sie zurückfallen und nicht auf die Firma, bei der Sie beschäftigt sind. Üben Sie deshalb, Ihre Erlebnisse und Erfahrungen aus Ihrem Berufsalltag wertfrei zu beschreiben. Hierfür können Sie Formulierungen verwenden wie »ich habe ... gemacht/organisiert«, »ich habe die Aufgaben eines ... wahrgenommen«, »ich habe an ... teilgenommen« oder »ich habe am Projekt ... mitgearbeitet«.

Regel **❻**: *Der Joker: Schlüsselbegriffe aus dem Tagesgeschäft benutzen:* Personalverantwortliche bevorzugen Bewerber, die von ihrem momentanen Arbeitsplatz her über die Kenntnisse verfügen, die auch in der zu vergebenden Stelle verlangt werden. Bewerber, die hier punkten wollen, müssen »Schlüsselbegriffe aus dem Tagesgeschäft« benutzen. Es geht darum, die branchenspezifischen Schlagworte zu finden und herauszustellen, die Ihre beruflichen Aufgaben kennzeichnen. Der Bewerber aus dem Positivbeispiel 1 benutzt beispielsweise die Schlagworte »Verkauf«, »Kundenservice«, »Bedarfs- und Problemanalyse«, »Projektteam« und »Kundensupport«. Die Bewerberin aus dem Positivbeispiel 2 greift auf die Worte »Installation«, »Inbetriebnahme«, »Kundenservice« und »E-CAD, SPS- und CNC-Kenntnisse« zurück.

Wir alle reagieren auf bestimmte Schlüsselbegriffe und Schlagworte. Um nicht an Informationen zu ersticken, brauchen wir Strukturen, die uns dabei helfen, die Informationen einzuordnen. So geht es auch Personalverantwortlichen bei der Suche nach der richtigen Bewerberin beziehungsweise dem richtigen Bewerber. Falsche Stellenbesetzungen sind teuer und werden später meistens den Personalabteilungen angelastet. Um Problemen vorzubeugen, achten die Personalverantwortlichen immer sorgfältiger darauf, dass sie Bewerber einstellen, die verdeutlichen, dass sie die Anforderungen des neuen Arbeitsplatzes erfüllen, weil die neue Tätigkeit »nur« eine Fortsetzung der alten ist. Deshalb sind Schlüsselbegriffe aus dem Tagesgeschäft bei der Ausgestaltung der Selbstpräsentation der Joker, mit dem sich Bewerber Vorteile gegenüber Mitbewerbern sichern können.

Sammeln Sie geeignete Schlagworte

Sie finden die für Ihr Berufsfeld wichtigen Schlüsselbegriffe und Schlagworte in den aktuellen Stellenanzeigen und in Fachzeitschriften. Finden Sie die geeigneten Schlagworte heraus und trainieren Sie, diese in Formulierungen im Vorstellungsgespräch unterzubringen.

Unsere Negativ- und Positivbeispiele haben Ihnen einen Eindruck davon gegeben, welche Fehler Bewerber machen und wie man es besser machen kann. Jetzt sind Sie an der Reihe. Setzen Sie unsere Überzeugungsregeln ein, um sich Ihre Selbstpräsentation zu erarbeiten.

Selbstpräsentation optimieren

Übung

Überprüfen Sie, ob die von Ihnen entwickelte Selbstpräsentation Fehler enthält und ob Sie die von uns vorgestellten Überzeugungsregeln ausreichend berücksichtigt haben.

Nehmen Sie sich bei Ihrer Selbstpräsentation mit einer Videokamera auf. Werten Sie Ihre Selbstpräsentation kritisch aus. Überlegen Sie, an welchen Stellen Sie neu formulieren müssen. Stellen Sie fest, welchen Informationen Sie mehr Platz geben müssen und welche Aussagen Sie knapper gestalten sollten.

Wenn Sie sich mithilfe unserer Überzeugungsregeln eine fehlerlose Selbstpräsentation erarbeitet haben, sollten Sie als Nächstes drei unterschiedlich lange Versionen Ihrer Selbstpräsentationen vorbereiten:

- Version eins hat eine Dauer von drei bis fünf Minuten.
- Version zwei sollte zehn Minuten umfassen.
- Version drei sollte eine Minute lang sein.

Mit diesen unterschiedlich langen Selbstpräsentationen können Sie im Vorstellungsgespräch flexibel reagieren. Die drei- bis fünfminütige Version setzen Sie ein, wenn Sie gebeten werden, sich vorzustellen. Die einminütige Version dient dazu, neu zum Gespräch hinzugekommene Personen kurz über Ihre Qualifikationen zu informieren. Die zehnminütige Version sollten Sie mit möglichst vielen Beispielen aus Ihrer Berufspraxis anreichern. Teile dieser Version dienen Ihnen später im Gespräch dazu, auf Fragen Antworten mit konkreten Beispielen geben zu können.

Damit Sie mit Ihrer Selbstpräsentation bei Vorstellungsgesprächen überzeugen, sollten Sie sie so lange üben und wiederholen, bis sie Ihnen in Fleisch und Blut übergegangen ist.

Mögliche Fragen, auf die Sie mit Ihrer Selbstpräsentation anworten können, haben wir in der folgenden Übung für Sie zusammengestellt. Am besten lassen Sie sich die Fragen von einer Person Ihres Vertrauens stellen, dann gewöhnen Sie sich rechtzeitig an den gezielten Einsatz der Selbstpräsentation in einer Gesprächssituation.

Selbstpräsentation einsetzen

In dieser Übung werden Sie lernen, die von Ihnen ausgearbeitete Selbstpräsentation im Gespräch einfließen zu lassen. Dabei sollten Sie darauf achten, zunächst die Frage-

stellung als Aussage zu wiederholen und dann ausgewählte
Teile aus der Selbstpräsentation anzuschließen. Beispiel:

Frage: »Was reizt Sie an der ausgeschriebenen Position?«
Antwort: »Mich reizt an der ausgeschriebenen Position,
dass ich meine berufliche Erfahrung als . . . .
einsetzen kann. Momentan bearbeite ich die Aufgaben

. . . .
und . . . .
Besondere Kenntnisse in . . . .
habe ich mir parallel zu meiner Berufstätigkeit in Weiterbildungsmaßnahmen angeeignet.«

»Warum interessieren Sie sich für unsere Firma?«
Ihre Antwort: . . . .

. . . .

. . . .

»Was macht Sie für die Position geeignet?«
Ihre Antwort: . . . .

. . . .

. . . .

»Erzählen Sie uns doch bitte ein wenig über sich!«
Ihre Antwort: . . . .

. . . .

. . . .

»Ich bin mir nicht sicher, ob Sie der geeignete Kandidat für
unsere Firma sind, überzeugen Sie mich!«
Ihre Antwort: . . . .

. . . .

. . . .

»Warum sollten wir gerade Ihnen diese Stelle geben?«
Ihre Antwort: . . . .

. . . .

. . . .

»Was unterscheidet Sie von den anderen Bewerbern, die sich für diese Position interessieren?«
Ihre Antwort: . . . .

. . . .

. . . .

Auf einen Blick

Selbstpräsentation

Im Blick

- Ihre Selbstpräsentation ist die Antwort auf die Frage: »Warum sollten wir gerade Sie einstellen?«
- Mit einer gut ausgearbeiteten Selbstpräsentation verfügen Sie außerdem über eine gute Grundlage zur
  - Beantwortung von Fragen zu Ihren fachlichen Kenntnissen und persönlichen Fähigkeiten,
  - souveränen Reaktion auf Stressfragen.
- Die Anforderungen an Bewerber lassen sich in zwei Gruppen unterscheiden: in fachliche Kenntnisse und in persönliche Fähigkeiten.
- Die fachlichen Kenntnisse sind die klassischen Anforderungen, die sich in drei Wissensbereiche einteilen lassen:
  - Berufskenntnisse
  - Fremdsprachenkenntnisse
  - Computerkenntnisse
- Die persönlichen Fähigkeiten lassen sich in fünf wesentliche Aspekte unterteilen:

- Kundenorientierung
- Teamarbeit und Projektarbeit
- selbstständiges Arbeiten
- Belastungs- und Kritikfähigkeit
- Lernbereitschaft

- Welche fachlichen Kenntnisse und welche persönlichen Fähigkeiten gefragt sind, hängt von dem angestrebten Tätigkeitsfeld ab.
- Ein Perspektivenwechsel lohnt sich. Die Erwartungen der Unternehmen sind die Prüfkriterien in Vorstellungsgesprächen. Finden Sie heraus, auf welche fachlichen Kenntnisse und persönlichen Fähigkeiten das Unternehmen besonderen Wert legt.
- Als Bewerber müssen Sie im Vorstellungsgespräch herausstellen, dass Sie die Anforderungen des Unternehmens an die fachlichen Kenntnisse und die persönlichen Fähigkeiten erfüllen.
- Bauen Sie Ihre Selbstpräsentation so auf, dass der Bezug zur neuen Position deutlich wird. Nutzen Sie dabei das folgende Schema:
  1. Stellen Sie die Aufgaben, die Sie in Ihrer momentanen Position bearbeiten, an den Anfang.
  2. Heben Sie die Tätigkeiten hervor, die einen Bezug zur neuen Stelle haben.
  3. Erläutern Sie Ihre berufliche Entwicklung.
- Aus der Sicht der Personalabteilungen begehen Bewerber bei der Selbstpräsentation diese Fehler:
  - fachliche Anforderungen werden nicht erkannt und nicht belegt
  - Profillosigkeit
  - kontraproduktive Ehrlichkeit
  - Leerfloskeln für persönliche Fähigkeiten
  - Nicht- und Negativ-Formulierungen
  - übertrieben positive Selbstbewertung
  - Selbstanklage

- Orientieren Sie sich bei der Ausarbeitung einer gelungenen Selbstpräsentationen an den folgenden Überzeugungsregeln:
  - fachliche Anforderungen erkennen
  - Aktivität zeigen
  - individuelles Profil darstellen
  - Beispiele für persönliche Fähigkeiten geben
  - beschreiben statt bewerten
  - der Joker: Schlüsselbegriffe aus dem Tagesgeschäft benutzen
- Stellen Sie Ihre beruflichen Qualifikationen anhand von konkreten Beispielen dar.
- Verzichten Sie auf Eigenbewertungen. So vermeiden Sie es, zu zurückhaltend oder überheblich zu wirken.
- Schlüsselbegriffe und Schlagworte helfen Ihnen dabei, mit einer großen Informationsdichte zu argumentieren.
- Erarbeiten Sie sich drei unterschiedliche lange Versionen Ihrer Selbstpräsentation. Dies hilft Ihnen dabei, Ihre Selbstpräsentation im Vorstellungsgespräch flexibel einzusetzen.

3

Gute Gründe für den Stellenwechsel

Eine Ihrer Hauptaufgaben im Vorstellungsgespräch ist es, den Stellenwechsel nachvollziehbar zu begründen. Warum verlassen Sie Ihre bisherige Firma? Sind Sie ein Unruhestifter? Gehen Sie schwierigen Situationen aus dem Weg? Hat man Ihnen gekündigt? Wenn Sie unnötige Spekulationen vermeiden wollen, müssen Sie sich gut vorbereiten. Wir zeigen Ihnen in diesem Kapitel, wie Sie Ihren Umstieg für Personalverantwortliche plausibel machen.

Nicht alle Bewerber suchen eine neue Stelle, weil der nächste Karriereschritt ansteht. Dies wissen auch Personalverantwortliche und werden daher hellhörig, wenn Bewerber den Wunsch nach einer neuen Stelle nicht plausibel begründen **Begründen** können. Aus unserer Beratungspraxis wissen wir, dass Bewer- **Sie den** berinnen und Bewerbern diese Begründung im Vorstellungs- **Stellenwechsel** gespräch eher schwer fällt. Bei unvorbereiteten Bewerbern entsteht schnell der Eindruck, dass sie im neuen Unternehmen nicht den Wunscharbeitgeber sehen, sondern eher die Notlösung für Probleme am alten Arbeitsplatz. Für die Personalverantwortlichen ist das natürlich keine tragfähige Basis für ein Arbeitsverhältnis.

Weshalb wird gewechselt?

Es gibt die unterschiedlichsten Gründe, warum Menschen einen neuen Arbeitsplatz suchen:

- Mit dem neuen Vorgesetzten ist eine Zusammenarbeit unmöglich geworden.
- Eine Kollegin bekommt die intern ausgeschriebene Stelle, auf die man sich selbst beworben hat. Dies geschieht bereits zum zweiten, dritten, vierten Mal.
- Gehaltserhöhungen lassen sich nicht im angestrebten Maße durchsetzen.
- Man hat der Bewerberin – zu ihrer Gesichtswahrung – nahe gelegt, sich wegzubewerben, ansonsten würde in nächster Zeit die Kündigung erfolgen.
- Die Firma ist übernommen worden und im Rahmen der Umstrukturierung »rollen Köpfe«.
- Die ständige Belastung durch Überstunden ohne finanziellen oder zeitlichen Ausgleich ist von der Leistungsfähigkeit her mittelfristig nicht mehr zu bewältigen.
- Interne Karrierekontakte (»Lobgemeinschaften«) sind aus den unterschiedlichsten Gründen auseinander gebrochen.
- Der Vorgesetzte, der bisher unterstützt und gefördert hat, hat sich wegbeworben.
- Der wirtschaftliche Zusammenbruch der Firma ist nur noch eine Frage der Zeit.
- »Management-by-Mobbing« ist der bevorzugte Führungs- und Umgangsstil in der Abteilung.

Erarbeiten Sie überzeugende Begründungen

Alle diese Begründungen werden von potenziellen neuen Arbeitgebern nicht gerne gesehen. Zu schnell entsteht dadurch der Verdacht, eine neue Stelle werde nur als »Lückenbüßer« betrachtet. Deutlich unproblematischer ist es, wenn Sie den Stellenwechsel als konsequenten Karriereschritt darstellen und ihn auf diese Weise nachvollziehbar machen. Keine Sorge: Mit gutem Argumentationstraining lassen sich bei allen Um- und Aufsteigern entsprechend glaubwürdige Begründungen erarbeiten.

Akzeptierte Wechselgründe

Als Grundregel gilt, dass innerhalb von zehn Berufsjahren zwei bis drei Stellenwechsel akzeptiert werden, wenn der Bewerber zielgerichtet gewechselt hat, um seine Fähigkeiten auszubauen und so seine berufliche Entwicklung voranzutreiben.

Folgende Argumentationslinien sind dazu geeignet, einen Wechsel als Karriereschritt überzeugend darzustellen:

- wenn der Bewerber deutlich macht, dass die Bewerbung erfolgt ist, weil die ausgeschriebene Position eine planmäßige Fortsetzung des eingeschlagenen Berufszieles ist;
- wenn der Bewerber seinen beruflichen Erfolg beim alten Arbeitgeber konkret belegen kann (Umsatz- oder Gewinnsteigerung, Abschlüsse etc.) und überzeugend darstellt, dass die neue Firma von diesen Erfahrungen profitieren wird;
- wenn der Bewerber seine fachlichen Kenntnisse und persönlichen Fähigkeiten am alten Arbeitsplatz konsequent weiterentwickelt hat und diese Kenntnisse und Fähigkeiten nun in der neuen Position gebündelt einsetzen möchte.

Diese Argumentationslinien müssen in Ihrem Vorstellungsgespräch deutlich werden. Sie müssen plausible Begründungen dafür finden, warum der angestrebte Wechsel einen Karriereschritt bedeutet und wie die neue Firma von Ihren Kenntnissen profitieren kann. Der Blick nach vorn bewahrt Sie davor, auf Fehlentwicklungen in der Vergangenheit einzugehen. Um diese Strategie für das Gespräch gezielt vorzubereiten, sollten Sie die folgende Übung sehr gründlich durcharbeiten.

Den Wechsel begründen

In dieser Übung geht es darum, Personalverantwortliche davon zu überzeugen, dass der von Ihnen anvisierte Stellenwechsel eine Fortsetzung Ihrer beruflichen Erfolgsstory ist. Suchen Sie zunächst aus den drei von uns vorgestellten Argumentationslinien die auf Sie am ehesten zutreffende heraus. Jetzt brauchen Sie Belege, die diese Argumentation untermauern. Für die von Ihnen gewählte Argumentationslinie müssen Sie jetzt mindestens zwei, besser drei Beispiele finden, die Ihre Behauptung glaubwürdig machen.

Wenn Sie sich beispielsweise für die zweite Argumentationslinie »konkrete Belege für den beruflichen Erfolg beim alten Arbeitgeber« entschieden haben, müssen Sie Zahlen für das Vorstellungsgespräch so aufbereiten, dass Umsatzsteigerungen oder die Erhöhung der Produktionskapazität nachvollziehbar werden. Das heißt, Sie müssen Zahlen angeben können, die Ihren Erfolg verdeutlichen.

Das erste Beispiel eines überzeugenden Bewerbers könnte dann lauten: »Im Jahr vor der von mir initiierten Marketingkampagne lag der Produktabsatz bei 50 000 Einheiten im Jahr. Nach dem Produkt-Relaunch stieg der Absatz auf 80 000 Einheiten. Dieses Wissen möchte ich gerne für Ihre Firma einsetzen. Meine erfolgreiche Arbeit möchte ich als Marketingleiter fortführen.«

Wenn Sie sich dafür entschieden haben, eine Weiterbildung in den Vordergrund zu stellen, könnten Sie so argumentieren: »Ich habe berufsbegleitend zu meiner Tätigkeit als Techniker eine Weiterbildung zum Industriemeister gemacht und möchte jetzt umfassendere berufliche Aufgaben übernehmen.«

Jetzt sind Sie an der Reihe. Nennen Sie zwei bis drei Beispiele, durch die Sie Personalverantwortlichen Ihren Wechselgrund glaubhaft und sich zum interessanten Bewerber machen können.

1. . . . .
2. . . . .
3. . . . .

Auf dem Weg zum Wunschkandidaten

Mit Ihrer ausgearbeiteten Selbstpräsentation haben Sie schon die optimale Basis, um potenziellen Arbeitgebern Ihren Stellenwechsel plausibel zu machen. Bewerber, die sich ihrer beruflichen und persönlichen Qualifikationen bewusst sind, strahlen Überzeugungskraft aus, die sie zum Wunschkandidaten von Personalverantwortlichen macht.

Mit aussagekräftiger Selbstdarstellung zum Erfolg

Weiter geht es damit, Ihre bisherige berufliche Situation als eine nach oben aufsteigende Entwicklungslinie zu beschreiben. Üblicherweise haben Sie zunächst eine Ausbildung oder ein Studium absolviert und dann bei verschiedenen Arbeitgebern beziehungsweise in verschiedenen Funktionen gearbeitet. Finden Sie konkrete Beispiele dafür, wie sich Ihre Kenntnisse und Fähigkeiten in den einzelnen Stationen weiterentwickelt haben.

Der »rote Faden« Ihrer beruflichen Entwicklung

Trainieren Sie, zielorientiert zu kommunizieren. Zielorientierung meint in diesem Zusammenhang, Ihre bisherige berufliche Entwicklung so darzustellen, dass diese genau auf die neue Position hinführt. Machen Sie klar, was Sie bisher zum Erreichen von Unternehmenszielen beigetragen haben, und verdeutlichen Sie, dass Sie auch für das neue Unternehmen Erfolge erzielen werden.

Legen Sie beispielsweise dar, welche der Erfahrungen, die Sie in konkreten Projekten gewonnen haben, auch für die neue Position wichtig sind. Machen Sie klar, dass Sie Ihre Fähigkeiten im Laufe der Zeit stetig ausgebaut haben. Zeigen Sie auf, dass Sie in der Berufspraxis Defizite erkannt haben, die Sie durch gezielte Fort- und Weiterbildungsmaßnahmen ausgeräumt haben.

Zielorientierte Kommunikation

PC-Supporterin

Beispiele

Beispiel 1

Eine Bewerberin, die sich für eine Stelle als PC-Supporterin interessiert, könnte ihren Stellenwechsel im Vorstellungsgespräch so begründen: »Ich bin in meiner jetzigen Firma für die Betreuung der installierten Hardware und die Weiterentwicklung der Bürokommunikationssoftware verantwortlich. Außerdem führe ich Schulungen zur Microsoft-Produktpalette durch. Die Abstimmung der Anforderungen der Fachabteilungen mit den Möglichkeiten der Datenverarbeitung ist ein wesentlicher Aspekt meiner Arbeit, den ich in meiner neuen Position vertiefen möchte. Um diese Aufgabe sicher zu bewältigen, habe ich mich laufend mit den Möglichkeiten neuer Softwarelösungen beschäftigt. Neben meiner Berufstätigkeit habe ich mich in den Bereichen Projektorganisation und Projektverfolgung weitergebildet.«

Werbeassistent

Der Stellenwechsel eines Werbeassistenten wird für Personalverantwortliche mit der folgenden Formulierung nachvollziehbar: »Mein Aufgabenbereich in einer Werbeagentur umfasst momentan die Planung und Realisierung von Direktmarketingprojekten. Daneben habe ich Katalogprojekte realisiert. Die Zusammenarbeit mit Druckereien und Lithoanstalten ist mir vertraut. Nach meiner Ausbildung zum Verlagskaufmann habe ich insbesondere den Bereich Erfolgskontrolle von Direktmarketingaktionen vertieft. Ich möchte jetzt zusätzlich die Verantwortung für Kommunikationsbudgets übernehmen und bin deshalb an der ausgeschriebenen Stelle interessiert.«

Beispiel 2

Zukunftsorientierung
statt Vergangenheitsfixierung

Wir wissen aus unserer Beratungstätigkeit, dass – zumindest in Ansätzen – immer auch Probleme am alten Arbeitsplatz ein Wechselgrund sind. Wenn daher einer der von uns genannten Gründe (sehen Sie dazu unsere Liste auf S. 64) auf Sie zutrifft, dann antworten Sie auf die Frage nach dem Grund Ihres Stellenwechsels niemals zu ehrlich. Zu große Ehrlichkeit hilft im Bewerbungsprozess nicht weiter. Im Gegenteil: Durch Selbstanklagen und Vergangenheitsfixierung hinterlassen Sie einen negativen Eindruck.

Blicken Sie nach vorn

Um Ihnen zu verdeutlichen, wie Vorwürfe gegen andere, zum Beispiel »schlechte Vorgesetzte«, »mangelnde Unterstützung bei der Arbeit«, »Missmanagement der Firmenleitung«, aus Sicht von Dritten bewertet werden, führen Sie sich bitte Freunde und Bekannte vor Augen, die eine langjährige Partnerschaft beendet haben. Meinen Sie, eine neue Partnerin beziehungsweise ein neuer Partner ist in der Kennenlernphase begeistert über die detailgetreue Schilderung aller Probleme, die zur Trennung vom alten Partner führten? Wohl kaum, denn viele Gründe für den Bruch liegen im Verborgenen oder sind oft so komplex, dass Außenstehende nicht in der Lage und nicht bereit sind, alle problematischen Details nachzuvollziehen.

Bewahren Sie einen kühlen Kopf

Hinzu kommt, dass Sie, wenn Sie Problemsituationen schildern, immer stark emotional engagiert sind. Das führt meistens dazu, dass Sie einen hochroten Kopf bekommen, alle analytischen Fähigkeiten verlieren und fließend von der Schilderung eines Problems zum nächsten übergehen. Problem- und Vergangenheitsfixierung ist aber eine schlechte Basis für einen neuen Anfang.

Bei der Beendigung einer Partnerschaft gelten genauso wie bei der Beendigung von Arbeitsverhältnissen besondere Regeln bei der Vermittlung nach außen. Wenn Sie Erfolg haben wollen, achten Sie deshalb im Vorstellungsgespräch darauf, dass Sie nicht auf persönlich erlebte Problemsituationen eingehen.

Inhaltlich argumentieren

Niemand will »die Katze im Sack kaufen«, daher sind neue Arbeitgeber zu Recht misstrauisch, wenn Bewerber vom alten Arbeitgeber weg wollen. Schwierige Mitarbeiter und Querulanten sind gefürchtet. Auf Unterstellungen und Vermutungen über den »wahren« Grund Ihres Wechsels brauchen Sie aber nicht einzugehen.

Nehmen Sie stattdessen immer eine inhaltliche Position ein, das heißt, argumentieren Sie aus den Anforderungen der neuen Position heraus und belegen Sie konkret, dass Sie die Anforderungen erfüllen. Abstrahieren Sie bei Problemen und antworten Sie allgemeingültig. Dazu benutzen Sie am besten eine Formulierung wie: »Es ist natürlich (generell) schlecht, wenn …«

Der ehemalige Vorgesetzte

Frage: »Was hat Sie an Ihrem alten Vorgesetzten besonders gestört?«

Antwort: »Ich habe gut mit meinem alten Vorgesetzten zusammengearbeitet. Es können natürlich Probleme auftreten, wenn wichtige Informationen zu spät weitergegeben werden. Da wir ein gutes Abteilungsklima hatten, kam so etwas aber selten bei uns vor.«

Beispiel

Sie müssen im Vorstellungsgespräch aber jederzeit damit rechnen, dass Personalverantwortliche Sie unter Druck setzen, um die tatsächliche Motivation für Ihren Stellenwechsel zu ergründen. Aus diesem Grund werden Stressfragen gestellt, um festzustellen, ob sich die Bewerber in Widersprüche verwickeln.

Bleiben Sie souverän

Stressfrage

Frage: »Seien Sie mal ehrlich, Sie wollen doch aus irgendeinem Grund schnell weg von Ihrem alten Arbeitgeber? Haben Sie dort Schwierigkeiten?«

Antwort: »Es tut mir leid, wenn ich Ihnen bisher nicht deutlich genug machen konnte, was ich für die von Ihnen ausgeschriebene Position an Kenntnissen und Fähigkeiten mitbringe. Gerade meine Kenntnisse in … und … (Selbstpräsentation) bilden meiner Meinung nach eine gute Basis, um die von Ihnen geschilderten Anforderungen zu erfüllen. In welchem Punkt konnte ich Sie noch nicht überzeugen?«

Beispiel

Personalverantwortliche interessiert der Grund für Ihren Wechsel deshalb ganz besonders, weil daraus Rückschlüsse auf Ihr Verhalten am neuen Arbeitsplatz gezogen werden. Wenn Sie zu erkennen glauben, dass Ihr Wunsch nach beruflicher Veränderung durch Probleme am alten Arbeitsplatz ausgelöst wurde, vermuten sie, dass auch in der neuen Position wieder Probleme auftreten werden.

Bei Stressfragen nach den Gründen für Ihren Wechsel dürfen Sie deshalb auf keinen Fall in die Vergangenheit abtauchen und langatmige Schilderungen von Schwierigkeiten, Konflikten und Problemen liefern. Sie bewältigen Stressfragen, wenn Sie bei Ihrer Antwort Ihre berufliche Zukunft im Blick behalten (beachten Sie dazu auch unsere Tipps im Kapitel »Kommunikationstechniken«). Trainieren Sie, auf Stressfragen nach dem folgenden Schema zu antworten:

Souveränität lässt sich trainieren

1. Verneinen Sie Ihnen unterstellte Probleme und Schwierigkeiten.
2. Behaupten Sie in einem Satz, dass Sie bisher ein zufrieden stellendes Arbeitsumfeld hatten.
3. Geben Sie ein Beispiel für eine berufliche Leistung, die Sie vollbracht haben.

Unterstellung entkräftet

Beispiel

Stressfrage: »Ist Ihr Chefin nicht froh, Sie bald los zu sein?«

Antwort: »(Erstens) Nein, das glaube ich nicht. (Zweitens) Ich habe mit meiner Chefin gut zusammengearbeitet. (Drittens) Die von mir erarbeiteten Maßnahmen zur Ausweitung unseres Geschäftsfeldes greifen inzwischen. Durch die Erschließung neuer Märkte konnten wir unsere Produktion besser auslasten.«

Stressfragen zum Stellenwechsel souverän beantworten

Übung

Üben Sie, Stressfragen zu Ihrem Wechselwunsch gelassen zu beantworten. Orientieren Sie sich am vorgestellten Antwortschema. Gehen Sie nicht auf Unterstellungen ein.

Stellen Sie mit Ihren Antworten einen Bezug zu den Anforderungen des neuen Arbeitsplatzes her.

»Will Ihre Firma Sie loswerden?«
Ihre Antwort: . . . .
. . . .
. . . .

»Hat es Probleme an Ihrem alten Arbeitsplatz gegeben?«
Ihre Antwort: . . . .
. . . .
. . . .

»Ihre Kollegen sind doch froh, Sie los zu sein, oder?«
Ihre Antwort: . . . .
. . . .
. . . .

»Sie werden sich doch mit der neuen Stelle gar nicht verbessern. Warum wollen Sie wirklich wechseln?«
Ihre Antwort: . . . .
. . . .
. . . .

»Freuen Sie sich darauf, jetzt alles anders machen zu können?«
Ihre Antwort: . . . .
. . . .
. . . .

»Sie haben wohl am alten Arbeitsplatz zu viele Fehler gemacht, oder?«
Ihre Antwort: . . . .
. . . .
. . . .

»Was blockiert Sie an Ihrem jetzigen Arbeitsplatz am meisten?«

Ihre Antwort: . . . .

. . . .

. . . .

Auf einen Blick

Den Wechsel begründen

Im Blick

- Die tatsächlichen Gründe und die von Personalverantwortlichen akzeptierten Gründe für einen Stellenwechsel stimmen in der Regel nicht überein.
- Übertriebene Ehrlichkeit ist bei der Begründung des Stellenwechsels meistens kontraproduktiv, weil bei der Schilderung von Konflikten am alten Arbeitsplatz zu viele Emotionen im Spiel sind. Unter Personalverantwortlichen gilt: Zum Streit gehören immer zwei (und das spricht leider gegen Sie).
- Sie überzeugen, wenn Sie im Vorstellungsgespräch verdeutlichen, dass Sie sich bei einem neuen Arbeitgeber beworben haben, weil Sie Ihre Kenntnisse und Fähigkeiten in der neuen Position gebündelt einsetzen können.
- Stellen Sie Ihre bisherigen beruflichen Stationen als eine nach oben aufsteigende Linie dar. Machen Sie mit Beispielen deutlich, weshalb Ihre berufliche Entwicklung genau auf die ausgeschriebene Position hinführt.
- Kommunizieren Sie zielorientiert, indem Sie die Unternehmensziele und Ihre persönlichen Ziele nennen und darstellen, wie sich beide zur Deckung bringen lassen.
- Reagieren Sie gelassen auf Stressfragen und Unterstellungen. Dies gelingt, wenn Sie ruhig und sachlich antworten und Ihre Stärken in den Vordergrund stellen.

4

Auf dem Weg ins Vorstellungs-gespräch

Das Vorstellungsgespräch beginnt nicht erst, wenn Sie einem Personalverantwortlichen gegenübersitzen. Sie müssen Vorbereitungsarbeit leisten. Sie müssen sich für die richtige Kleidung entscheiden und die für das Gespräch wesentlichen Unterlagen zusammenstellen. Wenn Sie sich bei mehreren Unternehmen beworben haben, müssen Sie die passende Version Ihrer Selbstpräsentation noch einmal wiederholen. Damit Sie im Vorstellungsgespräch die Orientierung behalten, müssen Sie sich über den generellen Ablauf des Gespräches klar werden.

Die Frage »Was soll ich anziehen?« stellen sich Bewerberinnen und Bewerber immer wieder vor Vorstellungsgesprächen. Die richtige Kleidung für das Vorstellungsgespräch wird für Ihre Einstellung nicht ausschlaggebend sein, die falsche Kleidung kann jedoch als Störfaktor im Gespräch wirken und Ihnen eine überzeugende Präsentation erschweren.

Stimmen Sie sich rechtzeitig auf das Gespräch ein

Unabdingbar ist, dass Sie sich vor dem Vorstellungsgespräch noch einmal auf das Unternehmen, das Sie eingeladen hat, einstimmen. Sichten Sie das Informationsmaterial über das Unternehmen und wiederholen Sie Ihre Selbstpräsentation. Ihr Erfolg im Vorstellungsgespräch hängt davon ab, dass die Personalverantwortlichen klar erkennen, warum Sie zu der neuen Firma passen. Achten Sie deshalb darauf, dass Sie bei der Wiederholung Ihrer Selbstpräsentation ausreichend Bezug auf das neue Unternehmen und die neue Position nehmen.

Kein Vorstellungsgespräch gleicht dem anderen, dennoch

können Sie sich auf den Ablauf vorbereiten. Es gibt Bestandteile, die in unterschiedlicher Gewichtung in jedem Vorstellungsgespräch enthalten sind. Wir erläutern Ihnen, wann Ihre Selbstpräsentation gefragt ist, wann Sie mit Fragen der Personalverantwortlichen rechnen müssen und wann Sie Ihre Fragen stellen können.

Die richtige Kleidung

Bei der Auswahl der Kleidung sollten Sie überlegen, welcher Eindruck von Ihnen im Vorstellungsgespräch erwartet wird.

Der Eindruck zählt Viele Bewerberinnen und Bewerber gehen fälschlicherweise davon aus, dass sie in einem Vorstellungsgespräch die Kleidung tragen sollten, in der sie später arbeiten werden. Dabei ist jedoch die Gefahr, sich zu nachlässig zu kleiden, zu groß. Orientieren Sie sich bei der Auswahl Ihrer Kleidung daran, was Sie anziehen müssten, um die Firma nach außen hin zu repräsentieren. Das heißt, für Vorstellungsgespräche ist die Kleidung richtig, in der Sie das Unternehmen auf Kongressen, Tagungen oder Messen vertreten würden.

Wenn Sie dies beachten, wird Ihre Kleidungswahl stark eingegrenzt. Richtig ist auf jeden Fall ein Business-Outfit. Frauen sollten ein Kostüm oder einen Hosenanzug mit farblich passender Bluse auswählen und dabei auf grelle Farben verzichten. Männer sind mit einem Anzug in gedeckten Farben, einem einfarbigen Hemd, einer schlichten Krawatte und dunklen Socken und schwarzen Schuhen auf der sicheren Seite.

Die Accessoires sollten Sie so auswählen, dass Ihre Gesprächspartner nicht unnötig von den Gesprächsinhalten abgelenkt werden. Wenn Sie als Mann ein kariertes Jackett mit einer roten Micky-Maus-Krawatte kombinieren, die Fansocken Ihrer Lieblingsfußballmannschaft tragen und sich von Ihrem flippigen Ohrring nicht trennen können, wird man sich in einer Unternehmensberatung sicherlich fragen, ob man Sie zu konservativen Kunden schicken kann.

Mit einem eher konservativen Outfit machen Sie im Vorstellungsgespräch nichts falsch. Sie werden nicht eingestellt, weil Sie eine bestimmte Kleidung tragen. Wichtiger ist es, mit der Kleidung keinen Störfaktor in das Gespräch zu bringen. Lieber ein konservatives Outfit wählen

Einstimmung

Zum Vorstellungsgespräch sollten Sie ein Duplikat Ihrer Bewerbungsmappe und die Stellenanzeige mitnehmen. Die Korrespondenz, die Sie vor dem Vorstellungsgespräch mit der neuen Firma geführt haben, sollten Sie ebenfalls dabeihaben. Falls sie Ihnen bekannt sind, vergegenwärtigen Sie sich noch einmal die Namen und die Positionen Ihrer Gesprächspartner in der Firma.

Denken Sie auch an Stift und Papier, damit Sie sich wichtige Informationen notieren können. Dies gilt insbesondere für die Punkte, bei denen Sie zu einem späteren Zeitpunkt nachhaken möchten, oder für Punkte, die noch unklar sind. Wir empfehlen Ihnen einen Papierblock in der Größe DIN A5, weil dieses Format im Gespräch unauffällig eingesetzt werden kann. Notieren Sie nur ausgewählte Punkte und schreiben Sie auf gar keinen Fall die ganze Zeit mit, damit Sie dem Gespräch konzentriert folgen können. Durch Ihre Selbstpräsentation gewinnen Sie Sicherheit

Arbeiten Sie rechtzeitig vor dem Gespräch noch einmal Ihre Selbstpräsentation durch. Falls Sie sich bei mehreren Unternehmen beworben haben, müssen Sie sich jetzt auf die spezifischen Anforderungen desjenigen Unternehmens konzentrieren, das Sie zum Gespräch eingeladen hat. Üben Sie die Selbstpräsentation lieber einmal mehr, um Sicherheit für das Gespräch zu gewinnen und aufkommende Nervosität in den

Griff zu bekommen. Wer seine Stärken kennt und weiß, wie er seine Fähigkeiten und Kenntnisse herausstellen kann, geht mit einer sicheren Ausstrahlung in das Bewerbungsgespräch.

Sie können Ihre kommunikative Kompetenz von Anfang an deutlich machen, wenn Sie Ihre Gesprächspartner mit Namen ansprechen. Denken Sie auch daran, die Empfangsdame und die Sekretärin freundlich zu grüßen.

Kommen Sie auf jeden Fall pünktlich. Da der Weg vom Pförtner zum Raum des Gesprächs in größeren Firmen schon mal eine halbe Stunde dauern kann – besonders, wenn Sie zum ersten Mal auf dem Firmengelände sind –, sollten Sie auf jeden Fall genügend Zeit einplanen. Platzen Sie aber auch nicht zu früh in das Büro Ihres Gesprächspartners. Sie sind zu einer bestimmten Zeit eingeladen, an die sollten Sie sich halten. Sollten Sie zu früh sein, nutzen Sie die Gelegenheit, sich in der Firma ein wenig umzuschauen.

Unabdingbar: Pünktlichkeit

Die Phasen des Vorstellungsgespräches

Im Vorstellungsgespräch erwartet Sie eine ruhige und sachliche Atmosphäre. Sie werden weder vorgeführt, noch dienen Sie dem Personalverantwortlichen als Blitzableiter für schlechte Laune. Spezielle Stressinterviews werden mit Bewerbern ohne Führungsverantwortung selten durchgeführt, aber mit der einen oder anderen Stressfrage müssen Sie schon rechnen.

Die Gespräche folgen einem Schema

Typische Vorstellungsgespräche mit Angestellten dauern etwa 45 bis 90 Minuten. Auch wenn die einzelnen Blöcke in Vorstellungsgesprächen je nach Unternehmen unterschiedlich gewichtet werden, können Sie sich an folgendem Schema orientieren:

1. Begrüßung
2. kurze Selbstdarstellung der Firma
3. Anforderungsprofil des Arbeitsplatzes aus Firmensicht

4. kurze Selbstdarstellung des Bewerbers (Selbstpräsentation)
5. ausführliche Fragenblöcke, um die fachlichen Kenntnisse und die persönlichen Fähigkeiten des Bewerbers zu überprüfen
6. Fragen des Bewerbers an die Firma
7. Abschluss des Gesprächs

Der Einstieg ins Vorstellungsgespräch ist häufig so gestaltet, dass Ihr Gesprächspartner nach der offiziellen Begrüßung kurz zu »leichten« Themen wechselt. Beispielsweise werden Sie gefragt, ob Sie den Weg zur Firma schnell gefunden haben und ob Sie schon erste Eindrücke vom Firmenumfeld oder Gebäude gewonnen haben. Dies soll Ihnen die erste Unsicherheit nehmen. Danach wird Ihnen das Unternehmen vorgestellt, Sie bekommen Informationen über die Unternehmensentwicklung und über die angebotenen Produkte beziehungsweise Dienstleistungen. Anschließend werden Sie mit den Anforderungen an den zukünftigen Stelleninhaber vertraut gemacht. **Der Einstieg ins Gespräch**

Jetzt sind Sie dran: Es wird Ihnen Platz zur Selbstdarstellung eingeräumt. Die Grundlagen hierfür haben Sie sich mit dem Kapitel »Warum sollten wir gerade Sie einstellen? Ihre Selbstpräsentation« bereits erarbeitet. Sie wissen, wo Ihre Stärken liegen und welche Anforderungen Ihr neuer Arbeitsplatz mit sich bringt. Nun kommt es darauf an, dieses Wissen im Vorstellungsgespräch wirkungsvoll und überzeugend einzusetzen. **Jetzt ist Ihre Gelegenheit**

Einen ganzen Block typischer Fragen aus dem Vorstellungsgespräch, bei denen Sie auf Ihre Selbstpräsentation zurückgreifen können, haben wir in der Übung »Selbstpräsentation einsetzen« vorgestellt. Wenn Sie diese Übung für sich intensiv bearbeitet haben, dann sind Sie fähig, auf Fragen wie »Erzählen Sie doch etwas über sich« und »Was reizt Sie an der Position in unserem Unternehmen?« überzeugend zu reagieren.

Nutzen Sie die Gelegenheit, sich im Vorstellungsgespräch positiv in Szene zu setzen. Von Personalverantwortlichen wird häufig beklagt, dass Bewerber im Gespräch zu zurückhaltend sind und man ihnen jedes einzelne Wort »aus der Nase ziehen« muss. Dieses Verhalten ist verständlich, gerade unvorbereitete Bewerber durchschauen die Regeln des Bewerbungsverfahrens nicht und sind daher im Gespräch vorsichtig bei der Preisgabe von Informationen. Die Angst vor falschen Antworten blockiert die Bewerber und führt zu einer verkrampften Gesprächsatmosphäre.

Punkten Sie durch gute Vorbereitung

Machen Sie es also besser, setzen Sie sich vor dem Vorstellungsgespräch mit Ihren Stärken und Schwächen auseinander und berücksichtigen Sie auch unsere Tipps und Hinweise aus dem Kapitel »Kommunikationstechniken«.

Nach Ihrer Selbstdarstellung beginnen die großen Fragenblöcke zu fachlichen Kenntnissen und persönlichen Fähigkeiten. Hier wird in den verschiedenen Branchen und Firmen sehr unterschiedlich verfahren. In kleinen und mittelständischen Unternehmen werden Sie anders befragt als in großen Unternehmen. Bewerbern für einen technischen Arbeitsplatz werden andere Fragen gestellt als Bewerbern, die sich für einen Arbeitsplatz im kaufmännischen Bereich beworben haben.

Im Kapitel »Auf diese Fragen müssen Sie sich einstellen« machen wir Sie mit den wichtigsten Fragen vertraut, die in Vorstellungsgesprächen an Sie gestellt werden. Antwortmöglichkeiten stellen wir Ihnen im Kapitel »Die 100 häufigsten Fragen und die besten Antworten« vor.

Fragen Sie am Ende des Vorstellungsgespräches auf keinen Fall flehentlich: »Seien Sie ehrlich, wie sind meine Chancen?«

Der Abschluss des Gesprächs

Sie würden durch diese Frage nur zeigen, dass Sie mit den Entscheidungsprozessen in der Personalauswahl nicht vertraut sind. Entscheidungen über Neueinstellungen werden erst nach gründlicher Rücksprache mit allen Beteiligten und endgültiger Prüfung des Für und Wider aller zum Vorstellungsgespräch eingeladenen Kandidaten gefällt.

Fragen Sie lieber, bis wann Sie mit einer Entscheidung rechnen können und erkundigen Sie sich nach einem Ansprechpartner, bei dem Sie sich über den weiteren Verlauf der Auswahlentscheidung informieren können: Wird ein zweites Vorstellungsgespräch geführt werden? Wen werden Sie in der zweiten Runde überzeugen müssen? Erwartet Sie ein Assessment-Center?

Bedanken Sie sich bei allen Beteiligten für das Gespräch und stellen Sie heraus, dass Sie in Ihrem Wunsch, für dieses Unternehmen arbeiten zu wollen, bestärkt worden sind. Vergegenwärtigen Sie sich noch einmal die Namen aller Gesprächsbeteiligten. Bitten Sie im Zweifelsfall um eine Visitenkarte, damit Sie bei Rückfragen einen direkten Kontakt herstellen können.

Ein guter Abschied ist wichtig

Auf dem Weg ins Vorstellungsgespräch

Im Blick

- Im Vorstellungsgespräch hat angemessene Kleidung einen wichtigen Stellenwert. Wählen Sie deshalb die Kleidung so aus, als müssten Sie den neuen Arbeitgeber damit nach außen repräsentieren.

- Nehmen Sie ein Duplikat Ihrer Bewerbungsmappe, die Stellenanzeige und die geführte Korrespondenz mit zum Gespräch.

- Setzen Sie sich vor jedem Vorstellungsgespräch ein weiteres Mal mit den besonderen Anforderungen des jeweiligen Unternehmens auseinander.

- Üben und wiederholen Sie Ihre Selbstpräsentation und schneiden Sie sie individuell auf die Wünsche des Unternehmens zu.

- Machen Sie sich mit dem typischen Ablauf von Vorstellungsgesprächen vertraut.

- Geben Sie sich auch am Ende von Vorstellungsgesprächen souverän. Bedanken Sie sich bei allen Gesprächsbeteiligten und fragen Sie nach einem Ansprechpartner, um sich über die nächsten Schritte im Auswahlverfahren informieren zu können.

5

Wer wird Ihnen gegenübersitzen?

In diesem Kapitel zeigen wir Ihnen, welche unterschiedlichen Ziele Personalverantwortliche, Fachvorgesetzte und Geschäftsführer beziehungsweise Firmeninhaber im Gespräch mit Bewerbern verfolgen und wie Sie reagieren können.

Verschiedene Gesprächspartner

Mit wem müssen Sie im Vorstellungsgespräch rechnen? Wer stellt die Fragen und wertet sie aus? Wer entscheidet am Ende des Bewerbungsmarathons endgültig darüber, ob Sie eine Absage erhalten oder einen Arbeitsvertrag angeboten bekommen? In diesem Kapitel werden wir Sie mit den Personen, die Ihnen im Vorstellungsgespräch gegenübersitzen, bekannt machen. Sie treffen in Vorstellungsgesprächen auf:

- Personalverantwortliche
- Fachvorgesetzte
- Geschäftsführer beziehungsweise Firmeninhaber

Geschulte (hauptamtliche) Personalverantwortliche begegnen Ihnen in mittleren und großen Firmen. In kleineren Firmen wird die Personalarbeit eher nebenbei erledigt, dort wird über Bewerbungen meist vom Geschäftsführer und/oder dem zuständigen Fachvorgesetzten entschieden.

Stärken Sie Ihre Argumentation durch einen Perspektivenwechsel

Die Vorstellungen über den idealen neuen Mitarbeiter werden von den beruflichen Positionen der Entscheider mit beeinflusst. Deshalb hilft Ihnen die Auseinandersetzung mit der speziellen Perspektive der anderen Seite, Ihr Antwortverhalten im Vorstellungsgespräch flexibel zu handhaben.

Personalverantwortliche

Personalverantwortliche legen andere Maßstäbe an als Fachvorgesetzte. Die Überprüfung von Fachkenntnissen, die zur erfolgreichen Berufsausübung nötig sind, steht deshalb bei Personalverantwortlichen zunächst weniger zur Debatte. Im Vordergrund stehen die persönlichen Fähigkeiten der Bewerber. Im Abschnitt »Was Unternehmen von Bewerbern erwarten« haben wir Sie mit den persönlichen Fähigkeiten bereits bekannt gemacht. Diese wesentlichen persönlichen Fähigkeiten, wie Kundenorientierung, Teamarbeit und Projektarbeit, selbstständiges Arbeiten, Belastungs- und Kritikfähigkeit und Lernbereitschaft, werden bei Bewerbern durch die Personalverantwortlichen überprüft. Sie stellen daher gezielte Fragen zu:

Im Vordergrund: die persönlichen Fähigkeiten

- der Motivation der Bewerbung,
- dem bisherigen Werdegang,
- der beruflichen Entwicklung,
- der Person und
- dem Privatleben.

Zu jedem dieser Themenkomplexe gibt es spezielle Fragen, die wir Ihnen in den Kapiteln »Auf diese Fragen müssen Sie sich einstellen« und »Die 100 häufigsten Fragen und die besten Antworten« ausführlich vorstellen und auf die Sie sich schon im Vorfeld einstellen und vorbereiten können.

Vorstellungsgespräche mit Personalverantwortlichen finden wegen der Menge der Fragen an die Bewerber meist strukturiert statt, das heißt, oft wird ein vorbereiteter Fragenkatalog abgearbeitet. Wenn alle die gleichen Fragen beantworten sollen, so hat dies natürlich auch den Vorteil, dass die Bewerber später gut verglichen werden können. Das Antwortverhalten, die Inhalte der Antworten und das allgemeine Auftreten im Vorstellungsgespräch können dann systematisch bewertet, beispielsweise auf einer Skala von eins bis fünf, und auf einem Auswer-

Strukturierte Gespräche

tungsbogen eingetragen werden. Nach dem Gespräch legt der Personalverantwortliche eine Gesamtnote für jeden Bewerber fest und macht der Fachabteilung Vorschläge, welche Bewerber er für die Besetzung der ausgeschriebenen Position für geeignet hält.

Fachvorgesetzte

Fachvorgesetzte müssen Sie im Gespräch davon überzeugen, dass Sie den fachlichen Anforderungen des Arbeitsplatzes gerecht werden. Fachvorgesetzte sind keine Profis in Sachen **Im Vorder-** Vorstellungsgespräch beziehungsweise Personalauswahl. **grund:** Deshalb finden diese Gespräche meist unstrukturiert statt. **die fachlichen** Oft stellen sie die Abteilung, den Arbeitsplatz und aktuelle **Kenntnisse** Aufgaben und Projekte vor. Sie gewinnen die Sympathie der Fachvorgesetzten, wenn Sie gezielte Fragen zu den Arbeitsabläufen stellen und auf ähnliche Projekte hinweisen, an denen Sie an Ihrem alten Arbeitsplatz bereits mitgearbeitet haben.

Wichtig dabei ist, dass Sie immer wieder typische Schlüsselworte aus dem Tagesgeschäft in das Gespräch einfließen lassen. Damit umgeben Sie sich mit dem »Stallgeruch«, der zeigt, dass Sie dazugehören. Mit etwas Übung gelingt es Ihnen, Schlüsselbegriffe in Vorstellungsgesprächen konsequent bei Antworten und Ihren eigenen Fragen einzusetzen. Sie werden feststellen, dass diese Kommunikationstechnik Sie weiterbringt. Das Interesse an Ihnen nimmt zu, wenn Ihr Gegenüber den Eindruck hat, dass er verstanden wird.

Bankkaufmann

Beispiele

Schlüsselbegriffe, die Sie in einem Vorstellungsgespräch als Bewerber um eine Position als Bankkaufmann einsetzen können, sind: »Kundenberatung«, »PC-gestützte Beratungssysteme«, »serviceorientiert« und »abschlusssicher«. Entsprechende Formulierungen im Gespräch mit Fach- Beispiel 1 vorgesetzten könnten dann lauten: »Während meiner Tätigkeit für die XY-Bank habe ich Erfahrung in der Privatkundenberatung gewonnen. Mithilfe von PC-gestützten Beratungssystemen habe ich für die Kunden individuelle Anlagemöglichkeiten zur Alterssicherung entwickelt.«

Sekretärin

Geeignete Schlüsselbegriffe für Sekretärinnen sind: »eigenverantwortliche Arbeitsweise«, »Organisationstalent« und »Verwaltungsaufgaben«. Im Vorstellungsgespräch lassen sich mit diesen positiven Reizwörtern Beispiel 2 Sätze bilden wie: »Ich habe mir im Laufe der Jahre eine eigenverantwortliche Arbeitsweise angeeignet, die mir auch an meinem derzeitigen Arbeitsplatz dabei geholfen hat, Verwaltungs- und Organisationsaufgaben selbstständig zu erledigen.«

Nutzen Sie die im Vergleich mit Personalverantwortlichen eher offene Gesprächssituation, die Sie im Vorstellungsgespräch mit Fachvorgesetzten erwarten. Setzen Sie sich mit dem ge- Vorteile durch zielten Einsatz von Schlüsselbegriffen aus dem Tagesge- Berufsnähe schäft positiv in Szene und steigern Sie auf diese Weise das Interesse an Ihrer Person, Ihren Fähigkeiten und Ihren Kenntnissen.

Geschäftsführer und Firmeninhaber

Begegnen Ihnen Geschäftsführer oder Firmeninhaber im Vorstellungsgespräch, können Sie mit Ihren Antworten punkten, wenn Sie sich den besonderen beruflichen Hintergrund dieser »Entscheider« vergegenwärtigen. Geschäftsführer und Firmeninhaber sind »Macher«, das heißt, sie sind es gewohnt, ihre Interessen gegen den Widerstand von Personen oder Institutionen durchzusetzen, sie sind überzeugt davon, dass persönlicher und beruflicher Erfolg mit einer überdurchschnittlichen Leistungsbereitschaft einhergeht, und sie sind wenig detail-, dafür aber umso mehr ergebnisorientiert.

Im Vordergrund: die Leistungsbereitschaft

Als Um- oder Aufsteiger machen Sie Eindruck auf Geschäftsführer und Firmeninhaber, wenn Sie Situationen schildern, in denen Sie sich zielstrebig »durchgebissen« haben, um beruflich etwas zu erreichen. Betonen Sie im Gespräch, was Sie in Ihren bisherigen beruflichen Positionen alles geleistet haben. Machen Sie überzeugend klar, dass auch in Zukunft noch eine Menge von Ihnen zu erwarten ist, weil diese Leistungsbereitschaft ein wichtiger Aspekt Ihrer Persönlichkeit ist.

Vorteile durch Eigenverantwortung

Ganz besonders positiv reagieren die »Macher an der Firmenspitze« auch auf Leistungen, die über das alltägliche Maß hinausgehen. Verweisen Sie auf von Ihnen angeschobene Sonderprojekte oder auf Ihre Anregung hin durchgeführte Verbesserungsmaßnahmen. Die Bereitschaft zur Übernahme von betrieblichen Sonderaufgaben und die entsprechenden Belege aus Ihrem bisherigen Werdegang überzeugen Führungsspitzen von Ihrer überdurchschnittlichen Leistungsmotivation und Leistungsbereitschaft. Auch Weiterbildungsmaßnahmen, an denen Sie neben Ihren eigentlichen beruflichen Aufgaben teilgenommen haben, sind ein Beweis für Ihre Motivation und werden wohlwollend zur Kenntnis genommen.

Projektleiterin

Beispiel

Eine Bewerberin für die Position einer Projektleiterin kann sich der Anerkennung durch den Geschäftsführer sicher sein, wenn sie sich folgendermaßen darstellt: »Als Gruppenleiterin in der Produktentwicklung sind mir immer wieder Optimierungsmöglichkeiten hinsichtlich der Qualität aufgefallen. In meiner Position war es schwer, meine Vorschläge zur besseren Vernetzung von Entwicklung, Vertrieb und Service durchzusetzen. In meinen Gesprächen mit Vorgesetzten zu diesem Thema wurde deutlich, dass das Budget für Weiterbildung bereits ausgeschöpft war. Da mir die Sache aber wichtig war, habe ich mich entschieden, berufsbegleitende Seminare zum Qualitätsmanagement zu belegen. Diese Seminare habe ich aus eigener Tasche bezahlt.«

Geschäftsführer und Firmeninhaber achten erfahrungsgemäß auch besonders stark auf Brüche oder Höhen und Tiefen in einem Lebenslauf. Nach ihrer Auffassung zeigt sich gerade in der Fähigkeit, mit Rückschlägen umzugehen und daraus entsprechende Konsequenzen für sich zu ziehen, das wahre Gesicht von Bewerbern. Zur Vorbereitung des Vorstellungsgesprächs sollten Sie deshalb Ihren übersandten Lebenslauf nochmals daraufhin überprüfen und und sich überlegen, an welchen Punkten Sie mit entsprechenden Nachfragen rechnen müssen. Überlegen Sie sich, was Sie bei Brüchen in Ihrer Entwicklung aktiv getan haben, um die Situation zum Besseren zu wenden. Dies können Sie dann zu Ihren Gunsten auch ansprechen.

Brüche in der Biografie positiv begründen

Der Ausbildungsabbruch

Beispiel

Firmeninhabern gefällt es natürlich überhaupt nicht, wenn Mitarbeiter eine Ausbildung abbrechen. Bei einem Ausbildungsabbruch müssen Sie deshalb mit Nachfragen rechnen. Stellen Sie dar, dass Sie Ihre Entwicklung nach dem Abbruch konsequent gestaltet und aktiv verfolgt haben, beispielsweise so: »Nach dem Abbruch meiner ersten Ausbildung habe ich gesehen, wie wichtig es ist, sich vorher über die Firma und das Berufsfeld zu informieren. Bei meiner zweiten Ausbildung habe ich es dann besser gemacht. Ich habe die Ausbildung mit sehr gutem Erfolg abgeschlossen, wurde von der Firma übernommen und habe mich durch erfolgreich bearbeitete Sonderprojekte für meine momentane Position qualifiziert.«

Üben Sie in diesem Zusammenhang auch, die im nächsten Kapitel beschriebene Antworttechnik »Beispiele geben« einzusetzen. Damit versetzen Sie sich in die Lage, konkrete Beispiele für Ihre überdurchschnittliche Leistungsbereitschaft in das Vorstellungsgespräch einfließen zu lassen.

Wer wird Ihnen gegenübersitzen?

Im Blick

- Im Vorstellungsgespräch können Sie auf Personalverantwortliche, Fachvorgesetzte und Geschäftsführer treffen. Stellen Sie sich deshalb mit Ihrem Gesprächsstil flexibel auf die unterschiedlichen Gesprächspartner ein.
- Personalverantwortliche sind vorwiegend an Ihren persönlichen Fähigkeiten interessiert.
- Fachvorgesetzte überzeugen Sie durch erfolgreich bearbeitete Aufgaben und Projekte an Ihrem derzeitigen Arbeitsplatz.
- Setzen Sie im Gespräch mit Fachvorgesetzten Schlüsselbegriffe aus dem Tagesgeschäft ein.
- Geschäftsführer und Firmeninhaber lassen sich von Ihrer Leistungsbereitschaft und von erfolgreich bewältigten Krisen beeindrucken. Überlegen Sie sich zur Vorbereitung, wie Sie Ihre überdurchschnittliche Leistungsbereitschaft durch überzeugende Beispiele belegen können.

6

Kommunikationstechniken

Personalverantwortliche sind darin geschult, Vorstellungsgespräche zu führen. Damit Sie als Bewerber die Absichten erkennen können, die hinter der jeweils eingesetzten Fragetechnik stehen, stellen wir Ihnen in diesem Kapitel die Techniken der Gesprächsführung vor.

Im Vorstellungsgespräch treffen Sie auf Personalverantwortliche, die darin geschult sind, Sie mit bestimmten Fragetechniken zu konfrontieren, auf die Sie reagieren müssen. Ihr Antwortverhalten wird deshalb genauso registriert und bewertet wie der Inhalt Ihrer Antworten.

Trainieren Sie Ihr Gesprächsverhalten

Wir stellen Ihnen jetzt Fragetechniken vor und zeigen Ihnen, wie Sie mit geeigneten Antworttechniken reagieren können. Die vorgestellten Fragetechniken können Sie natürlich auch für Ihre Fragen an die Firma nutzen. Ein Bewerbungsgespräch ist schließlich kein Verhör, sondern ein gegenseitiges Kennenlernen durch Fragen und Antworten.

Offene Fragen

Offene Fragen nennt man solche, die Sie nicht mit Ja oder Nein beantworten können. Man nennt diesen Typ auch W-Fragen: was, wie, wozu, warum. Beispiele: »Was macht Sie für die ausgeschriebene Position geeignet?« oder »Welche Unterstützung brauchen Sie von der Unternehmensseite, um erfolgreich arbeiten zu können?«

Informationssammlung

W-Fragen haben den Vorteil, dass sie ein Gespräch oder eine Diskussion in Schwung bringen. Offene Fragen geben dem Befragten mehr Raum zur Selbstdarstellung. Diese Fragen werden eingesetzt, um längere Antworten und damit auch mehr Informationen zu bekommen. Dadurch kann man an Teilaspekten der Antwort ansetzen und diese durch weitere Fragen vertiefen. Für den Befragten ist hier problematisch, dass er womöglich unwesentliche Informationen nennt, weil er an der Frage vorbei redet.

Beziehen Sie sich auf die ausgeschriebene Stelle

Sie bewältigen offene Fragen dann am besten, wenn Sie in Ihren Antworten immer einen Bezug zu Ihrer angestrebten Position herstellen und genügend Beispiele liefern. Nutzen Sie die Übung »Souveränes Antwortverhalten« weiter unten in diesem Kapitel, um einen aussagekräftigen Antwortstil zu entwickeln.

Geschlossene Fragen

Geschlossene Fragen können Sie mit Ja oder Nein beantworten (»Haben Sie Computerkenntnisse?«, »Sind Sie ein Mensch, der andere überzeugen kann?«). Häufig wird einer geschlossenen Frage eine offene hinterhergeschickt, um sich die Antwort begründen zu lassen (»Welche Computerkenntnisse?«, »Wie überzeugen Sie andere Menschen?«). Sie sollten auch bei geschlossenen Fragen Ihren Antworten immer eine kurze Begründung anschließen. Ersparen Sie Personalverantwortlichen die Mühe, immer wieder nachbohren zu müssen. Nutzen Sie hier auch die Chance, Ihre Eignung für die neue Stelle immer wieder durch Beispiele zu untermauern.

Begründen Sie stets Ihre Antwort

Geschlossene Frage zum Führungsstil

Frage: »Kennen Sie unterschiedliche Führungsstile?«

Antwort: »Ja, ich weiß, dass es verschiedene Führungsstile gibt. In meiner bisherigen Berufspraxis hat sich gezeigt, dass es wichtig ist, Führungsstile flexibel einzusetzen. Generell bevorzuge ich einen demokratischen Führungsstil, der die Vorstellungen der Mitarbeiter mit einbezieht.«

Geschlossene Fragen sind auch für Bewerber geeignet, um schnell Informationen zu erhalten (»Gibt es in der Einarbeitungszeit einen festen Ansprechpartner für mich?« oder »Wurde die ausgeschriebene Position neu geschaffen?«). Achten Sie jedoch darauf, dass Sie genügend Hintergrundinformationen bekommen. Lassen Sie sich nicht mit einem Ja oder Nein abspeisen. Fragen Sie nach, wenn Sie zu knappe Antworten bekommen, die Sie nicht zufrieden stellen.

Fragen Sie nach!

Neu geschaffene Position

Bewerberfrage: »Wurde die ausgeschriebene Position neu geschaffen?«

Antwort der Firmenseite: »Ja, um diese Stelle wurde in der Firma lange gerungen.«

Nachfragen des Bewerbers: »Wer hat sich für beziehungsweise gegen die Schaffung der Stelle ausgesprochen? Wie ist die Stelle in die firmeninternen Abläufe eingegliedert? Wurden die Aufgaben bisher von einer anderen Person mit bearbeitet?«

Alternativfragen

Alternativfragen sind bestens dazu geeignet, Bewerber dazu zu bringen, sich vorschnell festzulegen. Machen Sie unseren kleinen Test und beantworten Sie die folgenden drei Fragen:

- Arbeiten Sie lieber im Team oder lieber allein?
- Hören Sie lieber zu oder reden Sie lieber?
- Ist für Sie das höhere Gehalt wichtiger oder die neue Tätigkeit?

Die meisten Menschen beantworten diese Fragen spontan entweder mit der einen oder der anderen vorgegebenen Antwortmöglichkeit. Wenn Sie jedoch in Ruhe nachdenken und gedanklich verschiedene Situationen durchspielen, werden Sie feststellen, dass Teamarbeit und selbstständiges Arbeiten (zum Beispiel als Vorbereitung auf Teamsitzungen) zusammengehören, dass Sie sowohl zuhören als auch reden und dass für Sie das Gehalt genauso wichtig ist wie eine anspruchsvolle berufliche Tätigkeit.

Geben Sie für beide Möglichkeiten Beispiele

Nutzen Sie diese Einsichten, wenn Ihnen Alternativfragen gestellt werden (dies gilt auch für den privaten Bereich). Entscheiden Sie sich nicht vorschnell für eine vorgegebene Antwort, sondern geben Sie für beide Möglichkeiten Beispiele an. So setzen Sie sich deutlich von den anderen Bewerbern ab.

Beratung

Aus unserer Beratungspraxis

In der Falle

Eine Bewerberin fühlte sich in Vorstellungsgesprächen von den Fragen der Personalverantwortlichen so stark unter Druck gesetzt, dass sie ab einem bestimmten Punkt anfing zu schweigen. Ihr Problem waren vorschnelle Festlegungen in ihren Antworten auf Alternativfragen, die dann gezielte Stressfragen nach sich zogen. Sie war verzweifelt, da sie ihren Berufseinstieg als Multimedia-Assistentin nach einer erfolgreichen Fortbildungsmaßnahme in weite Ferne gerückt sah.

In unserer Beratung lernte sie, den bisher für sie typischen Gesprächsablauf zu vermeiden. Beispielsweise hatte sie auf die Alternativfrage »Arbeiten Sie lieber pragmatisch oder fantasievoll?« bisher geantwortet: »Ich möchte unbedingt fantasievoll und kreativ arbeiten.« Diese einseitige Antwort führte dann zu Stressfragen wie: »Haben Sie Schwierigkeiten mit Routineaufgaben aus dem Tagesgeschäft?« Von diesem Zeitpunkt an fühlte sie sich bereits unwohl, wenn man ihr dann noch vorhielt, »zu abgehoben für den Berufsalltag« zu sein, fing sie an zu schweigen.

Wir trainierten mit ihr, Alternativfragen aufzulösen, sodass sie antworten konnte, ohne sich festzulegen. Auf die Frage nach der Vorliebe für praxisnahes oder kreatives Arbeiten antwortet sie nun: »Ich finde, beide Arbeitsweisen sind wichtig. So geht es zuerst einmal darum, die Routine im Tagesgeschäft zu erledigen. Es ist aber auch immer wichtig, nach neuen Lösungen zu suchen und kreativen Input in das Team zu bringen.« So bekam sie die Sicherheit, das Vorstellungsgespräch im Griff zu haben und auf einer Wellenlänge mit dem Personalverantwortlichen zu sein.

Fazit: Unangenehme Fragen im Bewerbungsgespräch resultieren weniger aus der Bösartigkeit der Personalabteilung, sondern mehr daraus, dass Bewerber die Personalverantwortlichen durch einseitiges oder einsilbiges Antwortverhalten zum Nachfassen veranlassen.

Stressfragen

Sie kennen die Situation bestimmt noch aus der Schule: Sie gaben eine richtige Antwort, aber der Lehrer guckte Sie erstaunt an und fragte: »Bist du sicher?« Schon korrigierten Sie unter dem Gelächter der Klasse Ihre Antwort, worauf der Lehrer sagte: »Leider falsch, die erste Antwort war schon richtig. Du hast es also doch nicht gewusst und nur geraten.«

Auch Personalverantwortliche nutzen eine ähnliche Technik, um Sie zu verunsichern und Stressreaktionen zu provozieren. Allerdings wird diese Technik im Vorstellungsgespräch etwas subtiler eingesetzt.

Zum Beispiel: Nachdem Sie eine Frage beantwortet haben, schweigt Ihr Gesprächspartner einfach und stellt nicht sofort die nächste Frage. Um Sie weiter unter Druck zu setzen, werden Sie mit einem bohrenden Blick angesehen. Die meisten Bewerber setzen nun ein zweites Mal an und reden so lange, bis der gute erste Teil der Antwort verblasst ist und nur noch unzusammenhängende Informationen im Raum stehen. Zu diesem Zeitpunkt merkt auch der Bewerber, dass er Unsinn redet, allerdings traut er sich jetzt nicht mehr aufzuhören. Er redet dann so lange weiter, bis sein Monolog vom Gegenüber unterbrochen wird.

Nicht verunsichern lassen!

Diesen Fehler nennen wir »nachdieseln«. Genauso wie ein Pkw, der noch weiterläuft, wenn der Schlüssel im Zündschloss schon abgezogen ist, setzt der Bewerber ein zweites Mal an, weil er den langen Pausen und bohrenden Blicken nicht standhält. Trainieren Sie aus diesem Grund unbedingt, auf Fragen kurze und präzise Antworten zu geben und kritischen Blicken standzuhalten, sonst beginnt man, an Ihrer emotionalen Stabilität zu zweifeln.

Kurze, präzise Antworten

Stressfragen werden wohl dosiert in jedes Vorstellungsgespräch eingestreut. Anmerkungen wie »Ich glaube, Sie sind nicht der Richtige für uns!«, »Sind Sie mit Ihren beruflichen Erfahrungen nicht überqualifiziert/unterqualifiziert für diesen Arbeitsplatz?« oder »Die Beurteilungen in Ihren Arbeitszeugnissen sind ziemlich schlecht!« dienen dazu, im Schnellverfahren zu überprüfen, wie Sie unter Druck reagieren.

Gehen Sie nicht auf Unterstellungen oder Behauptungen ein, sondern beziehen Sie sich auf die fachlichen Kenntnisse und persönlichen Fähigkeiten, die Sie für den zukünftigen Arbeitsplatz mitbringen. Sie haben Ihre Selbstpräsentation gut ausgearbeitet und intensiv geübt. Also stellen Sie dar, warum gerade Sie mit Ihren Kenntnissen und Fähigkeiten für den zu vergebenden Arbeitsplatz geeignet sind.

Argumentieren Sie aus Ihrer Selbstpräsentation heraus

Unterstellungen

Wenn Sie auf die Unterstellung »Sie scheinen nicht besonders gerne zu arbeiten?« mit rotem Kopf reagieren und viel zu laut oder leise behaupten »Natürlich arbeite ich gerne!«, wirkt dies nicht sehr überzeugend. Sie sind auf einen Stresstest hereingefallen.

Beispiel

Antworten Sie lieber sachlich und beherrscht und schildern Sie eine Situation aus Ihrer Selbstpräsentation, die Ihre Leistungs- und Belastungsfähigkeit dokumentiert, beispielsweise so: »Während der Neueinführung einer Software in meiner derzeitigen Firma hatten wir erhebliche Doppelbelastungen zu tragen. Über einen Zeitraum von sechs Monaten habe ich zusätzlich zu meinen eigentlichen Aufgaben die Mitarbeiter und Kollegen bei der Softwareumstellung mit Schulungen und Beratungen unterstützt.«

Stressfragen entschärfen

In dieser Übung trainieren Sie, auf Unterstellungen, persönliche Angriffe und Vorwürfe angemessen zu reagieren. Ihre Stressstabilität wird im Vorstellungsgespräch deutlich, wenn Sie es schaffen, Angriffe ins Leere laufen zu lassen, und immer wieder auf positive Selbstdarstellungen zurückgreifen.

Übung

1. Gehen Sie nicht auf die Unterstellung ein.

2. Stellen Sie das positive Gegenstück der Unterstellung anhand eines Beispiels aus dem Berufsalltag dar.

Die gedankliche Überleitung von der Unterstellung zu einem positiven Inhalt gelingt Ihnen am besten, wenn Sie Ihre Antwort in Gedanken mit den beiden Worten »im Gegenteil« einleiten. Beispiel:

Unterstellung: »Sie scheinen Schwierigkeiten damit zu haben, sich unterzuordnen!«
Antwort: (In Gedanken: Im Gegenteil) »Ich habe mit meiner Vorgesetzten stets gut zusammengearbeitet. Für die Präsentation meiner Firma auf einer Ausstellung habe ich Anregungen aus dem Marketing und dem Vertrieb aufgegriffen und mit meiner Abteilungsleiterin ein Standkonzept entwickelt, das uns eine Prämierung einbrachte.«

Antworten Sie auf die folgenden Stressfragen und üben Sie, unser vorgeschlagenes Schema umzusetzen. Gewöhnen Sie sich an die gedankliche Einleitung Ihrer Antworten mit den unausgesprochenen Worten »im Gegenteil«.

»Sie scheinen Schwierigkeiten mit Routineaufgaben zu haben!«
Ihre Antwort: (In Gedanken: Im Gegenteil) . . . .
. . . .
. . . .

»Ihre Zielstrebigkeit ist Ihnen wohl im Laufe der Zeit abhanden gekommen!«
Ihre Antwort: (In Gedanken: Im Gegenteil) . . . .
. . . .
. . . .

»Ich glaube, Sie sind der Typ Mensch, der sich bei Schwierigkeiten eher versteckt!«
Ihre Antwort: (In Gedanken: Im Gegenteil) . . . .
. . . .
. . . .

»Das Wohl der Firma liegt Ihnen ja nicht besonders am
Herzen!«
Ihre Antwort: (In Gedanken: Im Gegenteil) . . . .
. . . .
. . . .

»Sie sind doch jetzt schon überbezahlt!«
Ihre Antwort: (In Gedanken: Im Gegenteil) . . . .
. . . .
. . . .

Antworttechnik: Beispiele geben

Die Antwort, die Sie schon in unserem Beispiel Unterstellungen
auf die Frage »Sie scheinen nicht besonders gerne zu arbeiten?«
gelesen haben, zeigt bereits die beste Möglichkeit, auf eine
Stressfrage zu reagieren: mit der Antworttechnik »Beispiele **Mit konkreten**
geben«. Die meisten untrainierten Bewerber antworten auf **Beispielen**
Fragen in Vorstellungsgesprächen zu allgemein und ober- **vermeiden Sie**
flächlich und verzichten darauf, konkrete Beispiele zu geben. **Leerfloskeln**
Sie sollten es darum vermeiden, leere Floskeln zu verwenden.
Belegen Sie Ihre Aussagen mit überzeugenden Beispielen. So
wirken Sie kompetent und souverän.

Zwei Stärken

Beispiele

Beispiel 1

Wenn Sie aufgefordert werden: »Nennen Sie uns zwei Stärken von Ihnen!«, sollten Sie niemals nur allgemein antworten: »Meine Stärken sind Ausdauer und Verlässlichkeit.« Überzeugender ist eine Antwort mit Beispielen wie: »Meine Stärken sind Ausdauer und Verlässlichkeit, ich habe beispielsweise internationale Messen mit vorbereitet. Es kam darauf an, Terminvorgaben einzuhalten. Deshalb hat sich unsere Projektgruppe auch an Samstagen zum Arbeiten getroffen.«

Teamfähigkeit

Beispiel 2

Die Frage »Sind Sie teamfähig?« sollten Sie nicht einfach nur bejahen. Besser ist es, ein konkretes Beispiel zu geben: »Ja, ich löse gerne berufliche Aufgaben zusammen mit anderen im Team. In meiner derzeitigen Firma haben wir eine abteilungsübergreifende Arbeitsgruppe zur Qualitätssicherung gebildet. Die Ergebnisse, die von dieser Arbeit ausgingen, führten zu einer deutlichen Senkung von Ausschuss in den Produktionslinien.«

Souveränes Antwortverhalten

Übung

Mit dieser Übung trainieren Sie, oberflächliche Antworten durch aussagekräftige zu ersetzen. Damit das Vorstellungsgespräch zu einem Gespräch wird und eine Verhöratmosphäre gar nicht erst entsteht, sollten Ihre Antworten nicht nur konkret sein, sondern auch mindestens zwei bis drei Sätze umfassen. Untrainierte Bewerber neigen dazu, Stichworte in den Raum zu werfen, ohne sie durch Beispiele für den Personalverantwortlichen in einen Zusammenhang zu stellen.

Trainieren Sie jetzt, häufig abgefragte Inhalte im Bewerbungsgespräch mit dem folgenden Argumentationsschema zu beantworten.

1. Schritt: Beantworten Sie die Frage.
2. Schritt: Untermauern Sie Ihre Antwort durch eine passende Situation aus Ihrem bisherigen Berufsalltag.
3. Schritt: Erwähnen Sie erreichte Ziele oder von Ihnen gewonnene Erkenntnisse aus dieser Situation.

Beispiel: Auf die Frage »Sind Sie belastbar?« antworten Sie so:

1. Schritt: »Ich kann auch mit hohen Arbeitsanforderungen gut umgehen.«
2. Schritt: »Als Projektleiterin für das Intranet meiner Firma musste ich die Vorstellungen der einzelnen Abteilungen in das Projekt integrieren und hinsichtlich der technischen Machbarkeit überprüfen. Das zog einen großen Argumentationsbedarf nach sich, und es musste viel Arbeit auch nach Feierabend geleistet werden, um das Tagesgeschäft nicht zu stören.«
3. Schritt: »Ich habe die größere Arbeitsbelastung gern übernommen, um durch die Intranet-Einführung zu reibungsloseren Abläufen in der Firma zu kommen.«

Jetzt sind Sie dran. Üben Sie, die folgenden Fragen mit unserem Argumentationsschema zu beantworten.

»Würden Sie sich selbst als kommunikativ beschreiben?«
1. Schritt: . . . .
2. Schritt: . . . .
3. Schritt: . . . .

»Können Sie andere motivieren?«

1. Schritt: . . . .

2. Schritt: . . . .

3. Schritt: . . . .

»Ist Ihnen beruflicher Aufstieg wichtig?«

1. Schritt: . . . .

2. Schritt: . . . .

3. Schritt: . . . .

»Trauen Sie sich zu, ein abteilungsübergreifendes Projekt zu leiten?«

1. Schritt: . . . .

2. Schritt: . . . .

3. Schritt: . . . .

»Wissen Sie, wie man erfolgreiche Verkaufsverhandlungen führt?«

1. Schritt: . . . .

2. Schritt: . . . .

3. Schritt: . . . .

»Können Sie kreativ arbeiten?«

1. Schritt: . . . .

2. Schritt: . . . .

3. Schritt: . . . .

»Bevorzugen Sie einen bestimmten Führungsstil?«

1. Schritt: . . . .

2. Schritt: . . . .

3. Schritt: . . . .

Kommunikationstechniken

- Die Beschäftigung mit Frage- und Antworttechniken gibt Ihnen im Vorstellungsgespräch Sicherheit.
- Setzen Sie sich mit den Besonderheiten von offenen Fragen, geschlossenen Fragen, Alternativfragen und Stressfragen auseinander.
- Wenn Ihnen offene Fragen gestellt werden, sollten Sie die Chance nutzen und sich überzeugend präsentieren. Achten Sie darauf, mit Ihren Antworten immer einen Bezug zur ausgeschriebenen Stelle herzustellen.
- Sie beantworten geschlossene Fragen souverän, wenn Sie Ihre Antwort kurz begründen.
- Legen Sie sich bei Alternativfragen mit Ihren Antworten nicht zu früh fest.
- Lassen Sie sich durch Stressfragen nicht vorschnell aus dem Konzept bringen. Trainieren Sie, auf Unterstellungen gelassen zu reagieren.
- Üben Sie den Einsatz der Antworttechnik »Beispiele geben«. Mit aussagekräftigen Antworten setzen Sie sich von Durchschnittskandidaten ab.

7

Die eigenen Stärken und Schwächen

Kein Vorstellungsgespräch vergeht ohne die berüchtigten Fragen nach den Stärken und Schwächen der Bewerber. Dieses Kapitel hilft Ihnen zu erkennen, welche Stärken erwünscht sind und wie sich Schwächen so darstellen lassen, dass Sie sich nicht selbst ins Aus katapultieren.

Wenn Sie Ihre Fähigkeiten kennen, wirken Sie selbstsicher

Fragen nach Stärken und Schwächen gehören zum grundsätzlichen Programm eines jeden Vorstellungsgesprächs. Für Personalverantwortliche sind sie wichtige Fragen zur Überprüfung des Bewerberprofils. Die Aufforderung »Nennen Sie mir bitte drei Stärken und drei Schwächen von Ihnen!« taucht deshalb in Vorstellungsgesprächen regelmäßig auf. Setzen Sie sich daher unbedingt zur Vorbereitung von Vorstellungsgesprächen mit Ihren Stärken und Schwächen auseinander, damit Sie Ihre persönlichen Fähigkeiten im Bewerbungsgespräch überzeugend präsentieren und konkret belegen können.

Aus unserer Beratungstätigkeit wissen wir, wie schwierig es für Bewerber ist, darauf zu antworten. Hierzu werden wir immer wieder gefragt: »Welche Stärken von mir soll ich nennen?« und »Wie aufrichtig muss ich bei der Angabe meiner Schwächen sein?«

Stärken

Wenden wir uns zuerst den Stärken zu. Unsere im letzten Kapitel dargestellte Antworttechnik »Beispiele geben« lässt sich auch bei der Darstellung Ihrer Stärken im Vorstellungsgespräch optimal einsetzen. Zuerst überlegen Sie sich, welche Stärken für die von Ihnen angestrebte Stelle wichtig sind. Im nächsten Schritt müssen Sie darauf abgestimmte Beispiele finden, die zeigen, in welchen Situationen Sie diese Stärken benutzen. Wir werden Ihnen Beispiele und eine Übung vorstellen, damit Sie trainieren können, Ihre Stärken durch aussagekräftige Situationen aus Ihrem Berufsalltag zu untermauern.

Ihre Stärken müssen zur ausgeschriebenen Stelle passen

Belastungsfähigkeit

»Ich verfüge über eine überdurchschnittliche Belastungsfähigkeit, das zeigt sich daran, dass ich bei kurzfristig auftretenden Problemen nicht die Ruhe verliere und zunächst analysiere, wo die Ursachen des Problems liegen, mir dann Lösungsmöglichkeiten überlege und schließlich entsprechend handele.«

Beispiele

Analytisches Denken

»Eine meiner Stärken ist meine analytische Vorgehensweise. Dies zeigt sich daran, dass ich komplexe Aufgabenstellungen – beispielsweise die Markteinführung einer neuen Software – in klare Teilziele untergliedern kann und so Schritt für Schritt mein anvisiertes Gesamtziel erreiche.«

Beispiel 2

Stärken erkennen und vermitteln

Im Vorstellungsgespräch will man Ihre Stärken herausfinden. Es ist nicht überzeugend, Begriffe für persönliche Stärken auswendig zu lernen und einfach dem Personalverantwortlichen an den Kopf zu werfen.

Übung

Um überzeugend zu wirken, müssen Sie drei glaubwürdige Stärken nennen können. Überlegen Sie sich Ihre positiven Eigenschaften, die kennzeichnend für Sie sind. Finden Sie für diese positiven Eigenschaften schlagkräftige Stichworte. Wenn Sie hier unsicher sind, können Sie sich an unserer Liste von Stärken im Anschluss hieran orientieren. Entscheiden Sie sich jedoch nur für Stärken, die Sie durch Beispiele aus dem Berufsalltag im Vorstellungsgespräch belegen können.

- *Erster Schritt:* Umschreiben Sie das Stichwort, das Ihre Stärke kennzeichnet, mit einem vollständigen Satz.
- *Zweiter Schritt:* In einem zweiten Satz nennen Sie eine konkrete Situation, anhand derer Ihre Stärke deutlich wird.

Beispiel: »Begeisterungsfähigkeit«

- *Erster Schritt:* »Ich kann mich und andere gut für berufliche Aufgaben begeistern und dadurch motivieren.«
- *Zweiter Schritt:* »Während der Umstrukturierung unserer Abteilung ging es darum, neue Zuständigkeiten und Verantwortlichkeiten zu definieren. Durch intensive Gespräche konnte ich meine Mitarbeiter und Kollegen für die Übernahme von mehr Verantwortung begeistern, auch wenn dies zunächst mit einem Mehr an Arbeit verbunden war.«

Jetzt können Sie durchstarten. Definieren Sie drei eigene Stärken oder wählen Sie welche aus der folgenden Liste aus.

- Durchsetzungsfähigkeit
- Begeisterungsfähigkeit
- Engagement
- Verantwortungsbewusstsein
- Teamfähigkeit

- Leistungsbereitschaft
- Kontaktstärke
- analytisches Denken
- Einfühlungsvermögen
- Kreativität/eigene Ideen
- Kompromissbereitschaft
- Aufgeschlossenheit
- Risikobereitschaft
- Verlässlichkeit
- Entschlussbereitschaft
- Belastungsfähigkeit

Alle drei ausgewählten Stärken setzen Sie nun nach dem von uns vorgestellten Schema um.

Stärke 1
1. Schritt: . . . .
2. Schritt: . . . .

Stärke 2
1. Schritt: . . . .
2. Schritt: . . . .

Stärke 3
1. Schritt: . . . .
2. Schritt: . . . .

Schwächen

Jetzt wenden wir uns dem schwierigeren Part zu: Ihren Schwächen. Es wird von Ihnen nicht erwartet, dass Sie zerknirscht in sich gehen. Wichtig ist lediglich, dass Ihr Gegenüber im Vorstellungsgespräch den Eindruck gewinnt, dass Sie sich mit Ihren persönlichen Fähigkeiten auseinander gesetzt haben. Wenn Sie sagen: »Ich habe keine Schwächen!«, wird diese Antwort als überheblich gedeutet, und Ihnen wird mangelnde Selbstkritik unterstellt. Man wird sofort nachha-

Setzen Sie sich mit Ihren Schwächen auseinander

ken, beispielsweise mit Fragen wie: »Warum sind Sie dann noch nicht Vorstandsvorsitzender bei BMW?« oder »Warum sind Ihre Arbeitszeugnisse beziehungsweise Ausbildungszeugnisse dann nur mittelmäßig?« Irgendeinen wunden Punkt hat jeder, und unter Stress findet man ihn noch schneller.

»Über meine Schwächen habe ich mir noch keine Gedanken gemacht.«

Wenn Sie aufgefordert werden, Ihre Schwächen zu benennen, kommt Humor leider schlecht an. Antworten Sie bitte nicht: **Nehmen Sie die Fragen ernst** »Meine größte Schwäche ist, dass ich abends manchmal das Zähneputzen vergesse.« Denn bei »witzigen« Antworten reagieren viele Gesprächspartner im Vorstellungsgespräch eher säuerlich, zum Beispiel: »Vielen Dank für Ihre humorvolle Einlage. Wie Sie wissen, warten draußen noch weitere Bewerber, bitte beantworten Sie nun meine Frage nach Ihren Schwächen!« Beachten Sie dazu die unausgesprochenen Grundregeln des Bewerbungsverfahrens:

1. Sei niemals besser als der Personalverantwortliche – darum müssen Sie Schwächen haben!
2. Sei niemals fröhlicher als der Personalverantwortliche – sonst schließt man aus Ihrer fehlenden Anpassungsfähigkeit im Vorstellungsgespräch, dass Sie sich auch im Betriebsalltag nicht anpassen werden!

Um Ihre Fähigkeit zur Selbstreflexion unter Beweis zu stellen, müssen Sie in der Lage sein, eine Schwäche von sich »zuzugeben«. Damit diese Schwäche nicht als schwerwiegender Makel erscheint, sollten Sie die Darstellung Ihrer Schwäche sorgfältig aufbauen. Hier unser Aufbauschema für die Darstellung von Schwächen:

Bauen Sie Ihre Schwächen sorgfältig auf

- *Erster Schritt:* Benennen Sie die Schwäche in einem Satz und benutzen Sie Relativierungen, (»manchmal«, »ab und zu«, »gelegentlich«, »es kommt vor«, »früher«).
- *Zweiter Schritt:* Geben Sie ein Beispiel dafür, wie sich die Schwäche in der Vergangenheit gezeigt hat.
- *Dritter Schritt:* Legen Sie dar, was Sie getan haben, um Ihre Schwäche in den Griff zu bekommen.

Direktheit

»Ich bin manchmal zu direkt und offen im Gespräch. Mit meiner Vorliebe für klare Worte habe ich manchmal Kollegen und Mitarbeiter vor den Kopf gestoßen. Heute achte ich besser darauf, dass ich den richtigen Zeitpunkt und die richtige Situation wähle, um meine Meinung zu äußern.«

Beispiel

Achten Sie auch darauf, dass Sie bei der Frage »Nennen Sie mir drei Stärken und drei Schwächen von Ihnen!« nicht alle Ihre Schwächen aufzählen. Nennen Sie immer drei Ihrer Stärken, aber nur eine Schwäche. Weitere Schwächen sollten

Nur eine Schwäche

erst auf Nachfrage erfolgen. Hier dürfen Sie sich ausnahmsweise »etwas aus der Nase ziehen« lassen und sollten nicht unnötig loslegen. Im Folgenden finden Sie eine Übung, wie Sie überzeugend eine Schwäche von sich anbringen. Dazu schlagen wir Ihnen ein Schema in drei Schritten vor.

Schwächen darstellen

Übung

Schreiben Sie zuerst alle Ihre Schwächen auf. Gehen Sie diese dann einzeln durch und überprüfen Sie, ob sich die Schwäche mit unserem Schema in einer für das Vorstellungsgespräch geeigneten Weise darstellen lässt. Eine gut aufgebaute Schwäche könnte so aussehen:

- *Erster Schritt:* »Ich bin manchmal zu abwartend.«
- *Zweiter Schritt:* »In meiner Projektgruppe wurde mir gesagt, dass ich mich bei der Planung zukünftiger Arbeitsabläufe mehr einbringen sollte. Ich war erst überrascht, weil ich dachte, dass das stört. Ich hatte viele Ideen, aber auf eine Aufforderung gewartet, um sie vorzustellen.«
- *Dritter Schritt:* »Heute warte ich nicht mehr so lange, ich werde schneller von mir aus aktiv.«

Jetzt zu Ihren Schwächen: Wenn Sie mehrere Schwächen gefunden haben, die in das Schema passen, sollten Sie sich jetzt für diejenige Schwäche entscheiden, die Sie bei der zukünftigen Arbeit am wenigsten behindert.

Meine Schwäche:
1. . . . .
2. . . . .
3. . . . .

Zur Sicherheit (nur bei Nachfrage) zwei weitere Schwächen:

Schwäche 2
1. . . . .
2. . . . .
3. . . . .

Schwäche 3
1. . . . .
2. . . . .
3. . . . .

Auf einen Blick:

Schwierige Aufgabe: die eigenen Stärken und Schwächen

Im Blick

- Die Frage nach den Stärken und Schwächen ist ein zentraler Punkt im Vorstellungsgespräch.
- Sie sollten im Vorstellungsgespräch drei Stärken präsentieren können.
- Geben Sie Ihre Stärken nicht nur als abstraktes Schlagwort an. Stellen Sie Ihre Stärken anhand von Beispielen dar.
- Bereiten Sie für das Vorstellungsgespräch eine Schwäche vor, die Sie nennen können.
- Orientieren Sie sich bei der Darstellung Ihrer Schwäche an dem folgenden Dreier-Schema:
  1. Schwäche nennen.
  2. Beispiel dafür geben, wie sich die Schwäche gezeigt hat.
  3. Darlegen, was Sie getan haben, um die Schwäche in den Griff zu bekommen.

8

Auf diese Fragen müssen Sie sich einstellen

Setzen Sie sich vor dem Vorstellungsgespräch mit dem jeweiligen Hintergrund der gestellten Fragen auseinander. In diesem Kapitel erläutern wir Ihnen, aus welchen Themenbereichen Ihnen Fragen gestellt werden und welche Strategien Sie mit Ihren Antworten verfolgen sollten.

Mit Ihrer ausgearbeiteten Selbstpräsentation aus dem Kapitel »Warum sollten wir gerade Sie einstellen? Ihre Selbstpräsentation«, mit unseren Frage- und Antworttechniken und mit **Nun wenden Sie** den Beispielen zu Stärken und Schwächen haben wir Ihnen **Ihr Wissen an** das notwendige Rüstzeug an die Hand gegeben, um in Vorstellungsgesprächen zu überzeugen. Jetzt kommt es darauf an, dieses Wissen einzusetzen.

In den nun folgenden Fragenkomplexen warten typische Fragen

- zur Motivation der Bewerbung,
- zur Firma,
- zur beruflichen Entwicklung,
- zur Persönlichkeit und
- zur privaten Lebensgestaltung

auf Sie. Sie können die Fragenkomplexe jetzt durcharbeiten oder zunächst in unser Kapitel »Die 100 häufigsten Fragen und die besten Antworten« wechseln. Dort finden Sie ausgewählte Beispielantworten, die Ihnen helfen, Ihren eigenen Antwortstil zu entwickeln beziehungsweise weiter auszubauen.

Fragen zur Motivation der Bewerbung

In diesem Fragenblock will man feststellen, wie stark Ihr Wunsch ist, gerade für diese Firma beziehungsweise in dem von Ihnen angestrebten Tätigkeitsfeld zu arbeiten. Eine typische Frage wäre »Was erwarten Sie von einer Anstellung bei uns?« Auf diese Frage reichen Antworten wie »Die Aufgabe interessiert mich« oder »Ich freue mich auf die Herausforderung in Ihrer Firma« nicht aus.

Stellen Sie Ihre Leistungsmotivation heraus

Stellen Sie in Ihren Antworten Ihre bisherige Leistungsmotivation bei der Erfüllung beruflicher Aufgaben heraus, sodass sich beim Zuhörer innerlich die Überzeugung einstellt, dass eine Anstellung die konsequente Fortsetzung Ihres eingeschlagenen Berufsweges bedeuten würde. Beziehen Sie sich auf Ihre Selbstpräsentation. Legen Sie dar, wie Sie sich selbst motivieren, indem Sie sich berufliche Ziele setzen und sie auch erreichen. Lassen Sie durchklingen, dass Sie beruflich noch lange nicht alles erreicht haben, was Sie mit Ihrem Potenzial erreichen können.

Belegen Sie Ihre beruflichen Entscheidungen

Liefern Sie Beispiele dafür, wann Sie sich bewusst für die Ausrichtung Ihrer beruflichen Laufbahn entschieden haben, welche Erfolge Sie in Ihrer beruflichen Entwicklung erzielt haben und welche Ihrer fachlichen Kenntnisse und persönlichen Fähigkeiten Sie nun in der neuen Position einsetzen werden – und warum. Dazu im Folgenden wieder ein Beispiel und eine Übung, damit Sie diesen Fragenkomplex gut vorbereiten können.

Motivation im Gespräch verdeutlichen

Frage: »Was interessiert Sie an der neuen beruflichen Aufgabe?«

Antwort: »Ich möchte mich beruflich weiterentwickeln. Aufbauend auf meiner bisherigen Tätigkeit in der Verkaufsförderung möchte ich jetzt

Beispiel

auch Aufgaben im Direktmarketing übernehmen. Für meinen jetzigen Arbeitgeber habe ich bereits ein Direktmarketing-Konzept entwickelt, das erfolgreich eingesetzt wird.«

Frage: »Wie stellen Sie sich Ihre Einarbeitung vor?«

Antwort: »Ich möchte mich möglichst umfassend mit den Informations- und Entscheidungswegen in Ihrer Firma vertraut machen. Durch den Einstieg in laufende Projekte könnte ich meine Kenntnisse aus dem Produktmanagement sofort einsetzen und so die Arbeitsabläufe in Ihrer Firma gründlich kennen lernen.«

Fragen zur Motivation

Lesen Sie sich zuerst die Fragen durch und versuchen Sie, möglichst spontan zu antworten. Auf diese Weise merken Sie, welche Fragen für Sie schwieriger zu beantworten sind. Wenn Sie sich beim Formulieren von Antworten unsicher sind, sollten Sie zuerst einmal stichwortartig aufschreiben, was in die Antwort gehört. Überlegen Sie sich zum Beispiel zu der Frage »Welche Pläne haben Sie für Ihre Weiterbildung?« die speziellen Weiterbildungsmaßnahmen, die für Ihr Berufsfeld wichtig sind.

Wichtig ist an dieser Stelle erst einmal, dass Sie sich über die Inhalte der Antworten klar werden. Formulierungshilfen und Anregungen für geeignete Antworten finden Sie später in unseren 100 Beispielfragen und Beispielantworten.

»Was erwarten Sie von einer Anstellung bei uns?«
Ihre Antwort: . . . .
. . . .
. . . .

»Was hat Sie an unserer Anzeige besonders angesprochen?«

Ihre Antwort: . . . .

. . . .

. . . .

»Was würden Sie am ersten Tag in unserer Firma machen?«

Ihre Antwort: . . . .

. . . .

. . . .

»Wie lange brauchen Sie für die Einarbeitungsphase?«

Ihre Antwort: . . . .

. . . .

. . . .

»Was reizt Sie an der ausgeschriebenen Position am meisten?«

Ihre Antwort: . . . .

. . . .

. . . .

»Was wollen Sie in drei/fünf/zehn Jahren erreicht haben?«

Ihre Antwort: . . . .

. . . .

. . . .

»Welche Pläne haben Sie für Ihre Weiterbildung?«

Ihre Antwort: . . . .

. . . .

. . . .

»Was brauchen Sie, um beruflich erfolgreich zu sein?«
Ihre Antwort: . . . .

. . . .

. . . .

»Wenn Sie einen Stellvertreter für sich auszusuchen hätten,
welche Kenntnisse und Fähigkeiten müsste er mitbringen?«
Ihre Antwort: . . . .

. . . .

. . . .

»Warum haben Sie sich gerade bei uns beworben?«
Ihre Antwort: . . . .

. . . .

. . . .

»Können wir Sie auch in anderen Unternehmensbereichen
einsetzen, wenn ja, in welchen?«
Ihre Antwort: . . . .

. . . .

. . . .

»Wo haben Sie sich sonst noch beworben?«
Ihre Antwort: . . . .

. . . .

. . . .

»Interessiert Sie auch eine andere Tätigkeit als die ausgeschriebene?«
Ihre Antwort: . . . .

. . . .

. . . .

»Würden Sie für unser Unternehmen nach Nord-, Süd-,
West- oder Ostdeutschland (-europa) gehen?«
Ihre Antwort: . . . .
. . . .
. . . .

»Was machen Sie, wenn Sie diese Stelle nicht bekommen?«
Ihre Antwort: . . . .
. . . .
. . . .

»Haben Sie schon einmal mit dem Gedanken gespielt, sich
selbstständig zu machen?«
Ihre Antwort: . . . .
. . . .
. . . .

»Seit wann haben Sie den Wunsch, eine berufliche Tätigkeit als XYZ auszuüben?«
Ihre Antwort: . . . .
. . . .
. . . .

»Wie lange werden Sie Ihrer Meinung nach in unserer
Firma bleiben?«
Ihre Antwort: . . . .
. . . .
. . . .

Sie werden feststellen, dass die Antworten auf diese Fragen gründlich vorbereitet werden müssen. Im Gespräch

haben Sie nicht genügend Zeit für vertiefende Reflektionen und persönliche Standortbestimmungen.

Fragen zur Firma

Setzen Sie sich gründlich mit Ihrem potenziellen Arbeitgeber auseinander

Wenn man Ihnen Informationsmaterial über die Firma oder über deren Produkte und Dienstleistungen im Vorfeld des Vorstellungsgespräches zugesandt hat, müssen Sie damit rechnen, dass wesentliche Informationen aus diesem Material abgefragt werden. Man will feststellen, wie ernst Sie es mit Ihrer Bewerbung meinen und überprüft darum, wie gründlich Sie sich mit der Firma auseinander gesetzt haben. Deshalb sollten Sie sich um Informationen bemühen und sie auch besonders intensiv studieren. Typische Fragen können Sie mit unserer nachfolgenden Übung trainieren.

Zum Teil werden die Fragen zur Firma auch eingesetzt, um Ihre Auffassungsgabe zu testen. Dazu werden Ihnen am Anfang des Vorstellungsgespräches Informationen über die Firma gegeben und zu einem späteren Zeitpunkt abgefragt.

Fragen zur Firma

Übung

Um die Fragen zur Firma beantworten zu können, benötigen Sie Informationsmaterial. Wenn Sie bisher noch kein Informationsmaterial über die Firma angefordert haben, müssen Sie es spätestens jetzt tun. Wer jetzt nicht auf Post warten möchte, kann Informationen auch im Internet recherchieren. Versuchen Sie, so viele Informationen über die Firma wie möglich in Ihre Antworten einfließen zu lassen.

Ihre Antworten sollten Sie ausformulieren, damit Sie im Bewerbungsgespräch nicht in ein bloßes Faktenaufzählen verfallen.

»Was wissen Sie über unsere Firma?«
Ihre Antwort: . . . .
. . . .
. . . .

»Kennen Sie unsere Produkte/Dienstleistungen? Was interessiert Sie daran?«
Ihre Antwort: . . . .
. . . .
. . . .

»Haben Sie noch Fragen zu dem Informationsmaterial?«
Ihre Antwort: . . . .
. . . .
. . . .

»Kennen Sie noch andere Unternehmen unserer Branche?«
Ihre Antwort: . . . .
. . . .
. . . .

»Kennen Sie unsere weiteren Standorte (Deutschland, Europa, weltweit)?«
Ihre Antwort: . . . .
. . . .
. . . .

»Wissen Sie, wie viele Mitarbeiter wir beschäftigen?«
Ihre Antwort: . . . .

. . . .

. . . .

»Kennen Sie unseren Jahresumsatz?«
Ihre Antwort: . . . .

. . . .

. . . .

»Was wissen Sie über unsere Branche?«
Ihre Antwort: . . . .

. . . .

. . . .

»Welchen Eindruck haben Sie von unserer Firma?«
Ihre Antwort: . . . .

. . . .

. . . .

Fazit: Die Suche nach umfassenden Informationen über Ihren neuen Arbeitgeber ist ein wichtiger Punkt in Ihrer Gesprächsvorbereitung. Sie müssen Ihr Interesse an der neuen Firma deutlich machen, sonst schwindet das Interesse an Ihnen.

Fragen zum Werdegang

Die Frage »Würden Sie wieder den gleichen Berufsweg gehen?« ist geeignet, um festzustellen, wie stark Sie sich mit Ihrem Beruf identifizieren. Verweisen Sie auf besondere Kenntnisse und Fähigkeiten, die Sie während Ihrer Berufslaufbahn erworben haben, und beschreiben Sie, wie Sie diese Kenntnisse und Fähigkeiten im Berufsalltag praktisch eingesetzt haben. Dies dokumentiert Ihr Interesse und Ihre Begeisterung für Ihr Berufsfeld.

Auch die Beschäftigung mit neuen Entwicklungen und aktuellen Tendenzen in Ihrem Berufsfeld ist gerne gesehen. Dies sollten Sie jedoch durch Weiterbildungen, den Besuch von Kongressen und die Auseinandersetzung mit der Theorie hinter der Praxis belegen können. Der Blick über das Tagesgeschäft hinaus ist eine Motivation, die für Sie spricht. Es wird vermutet, dass der, der Eigeninitiative zeigt und sich für seine berufliche Entwicklung einsetzt, sich auch am neuen Arbeitsplatz engagieren wird.

Dokumentieren Sie Ihr Interesse für Ihr Berufsfeld

Wenn Ihre berufliche Entwicklung durch kurzfristigen Stellenwechsel, Arbeitslosigkeit oder Kündigung unterbrochen wurde, wird man im Gespräch feststellen wollen, wie Sie diesen Bruch verkraftet haben und wie ausdauernd Sie in Zukunft sein werden, wenn an Ihrem Arbeitsplatz nicht alles wie geplant verläuft.

Rechnen Sie damit, dass Sie bei häufigem Wechsel des Arbeitgebers mit Stressfragen wie »Geben Sie bei Problemen immer so schnell auf?« konfrontiert werden. Versuchen Sie nicht, die Schuld an Problemen am alten Arbeitsplatz auf Vorgesetzte und Kollegen zu schieben, um selbst besser dazustehen. Auch zu viel Ehrlichkeit ist bei solchen Fragen kontraproduktiv. Im Kapitel »Gute Gründe für den Stellenwechsel« können Sie nachlesen, auf welche Weise Sie Probleme am alten Arbeitsplatz im Vorstellungsgespräch darstellen sollten, um nicht in ein schiefes Licht zu geraten.

Zeigen Sie, wie Sie Probleme am Arbeitsplatz bewältigen

Achten Sie bei der Darstellung Ihrer beruflichen Entwicklung darauf, dass Sie eine Entwicklungslinie in Richtung der neuen Position plausibel machen. Beachten Sie hierbei, dass Sie eine Entwicklung niemals dadurch deutlich machen, indem Sie auf verpasste Chancen, Krisen und Brüche in Ihrer Berufslaufbahn eingehen. Sehr viele Bewerber suchen zuallererst Rechtfertigungen dafür, dass alles nicht so richtig gelaufen ist. Aus unserer Beratungstätigkeit wissen wir, dass nach einiger Übungszeit es aber alle schaffen, die vorhandenen beruflichen Stationen mit konkreten Beispielen auszufüllen und einen roten Faden der beruflichen Entwicklung zu knüpfen.

Stehen Sie zu Ihrer beruflichen Entwicklung

Im Bewerbungsgespräch wollen Personalverantwortliche prüfen, ob Sie selbst zu Ihrer bisherigen beruflichen Entwicklung stehen. Weinen Sie noch heute verpassten Chancen nach? Haben Sie das Beste aus der jeweiligen Situation gemacht? Beachten Sie bei Antworten auf Fragen wie »Was hat Sie im Beruf besonders enttäuscht?« oder »Was war Ihr größter Misserfolg im Beruf?« die Grundregeln der »Problemkommunikation«:

1. Schildern Sie kurz, was Sie als problematisch erlebt haben.
2. Verdeutlichen Sie, wie Sie diese Probleme aktiv bewältigt haben.

Allgemeine Statements zur Abschaffung des hierarchischen Betriebsablaufes in Großunternehmen helfen hier nicht weiter. Auch der Verweis auf die mangelhafte Personalentwicklung und Mitarbeiterförderung in Zeiten des Personalabbaus ist gefährlich. Man könnte daraus schließen, dass Sie bei Problemen in Ihrer neuen Position einfach mehr Geld, sprich mehr Mitarbeiter oder Sachmittel, fordern werden. Das aber spricht nicht gerade für Ihre Kreativität und Problemlösungsfähigkeit.

Stellen Sie Ihre berufliche Entwicklung als konsequenten Weg dar

Zusammenfassend lässt sich festhalten, dass Sie den Fragenblock zur beruflichen Entwicklung überzeugend bestehen, wenn Sie Ihren Gesprächspartnern verdeutlichen, dass Sie Ihre Neigungen und Interessen frühzeitig erkannt, konsequent verfolgt und im Beruf ausgebaut haben, wobei Sie in der Lage waren, Hindernisse aus dem Weg zu räumen und auch gelegentliche Rückschläge zu verkraften.

Fragen zur beruflichen Entwicklung

Übung

Bei Ihrer Beschäftigung mit den Fragen zur beruflichen Entwicklung sollten Sie trainieren, Ihren Werdegang schlüssig darzustellen. Verzichten Sie auf die Aufzählung von Krisen, Problemen und Brüchen. Personalverantwortliche wollen eine generelle Zufriedenheit mit Ihrem Berufsweg erkennen. Da Sie nach Frustrationen und Enttäuschungen gefragt werden, sollten Sie sich Erlebnisse überlegen, die für Ihre berufliche Entwicklung keine große Bedeutung hatten. Beispiel:

Frage: »Was hat Sie im Beruf besonders enttäuscht?«
Antwort: »Ich bin mit meinem Beruf zufrieden. Vielleicht wäre es schön gewesen, einmal eine Zeit lang im Ausland zu arbeiten, aber ich konnte meine berufliche Entwicklung auch in Deutschland vorantreiben.«

Die nun folgenden Fragen sollten Sie in Ruhe bearbeiten und für sich selbst schlüssige Antworten finden. Auch zu diesem Fragenkomplex werden Sie später in Kapitel »Die 100 häufigsten Fragen und die besten Antworten« Beispielantworten finden.

»Aus welchen Gründen haben Sie sich für Ihren Beruf entschieden?«
Ihre Antwort: . . . .
. . . .
. . . .

»Welche Fort- und Weiterbildung möchten Sie noch absolvieren?«
Ihre Antwort: . . . .
. . . .
. . . .

»Gibt es eine innere Logik hinter Ihrem bisherigen beruflichen Werdegang?«
Ihre Antwort: . . . .

. . . .

»Warum haben Sie Ihre Arbeitgeber so oft gewechselt?«
Ihre Antwort: . . . .

. . . .

. . . .

»Warum sind Sie arbeitslos geworden?«
Ihre Antwort: . . . .

. . . .

. . . .

»Wie haben Sie sich auf die beruflichen Anforderungen in
Ihrer bisherigen Position vorbereitet?«
Ihre Antwort: . . . .

. . . .

. . . .

»Würden Sie wieder den gleichen Beruf wählen?«
Ihre Antwort: . . . .

. . . .

. . . .

»An welche zwei Erfolge in Ihrer Berufstätigkeit erinnern
Sie sich besonders gern?«
Ihre Antwort: . . . .

. . . .

. . . .

»Was hat Sie bei Ihrem bisherigen Arbeitgeber am meisten frustriert?«

Ihre Antwort: . . . .

. . . .

. . . .

»Was hat Ihnen an Ihrer alten Stelle besonders gefallen, was nicht?«

Ihre Antwort: . . . .

. . . .

. . . .

»Welche beruflichen Tätigkeiten mochten Sie besonders, welche nicht und warum?«

Ihre Antwort: . . . .

. . . .

. . . .

»Fühlten Sie sich an Ihrem alten Arbeitsplatz gerecht beurteilt?«

Ihre Antwort: . . . .

. . . .

. . . .

»Was hat Sie im Beruf besonders enttäuscht?«

Ihre Antwort: . . . .

. . . .

. . . .

»Was waren die Gründe für Ihre guten Beurteilungen?«

Ihre Antwort: . . . .

. . . .

. . . .

»Warum haben Sie so schlechte Arbeitszeugnisse?«
Ihre Antwort: . . . .

. . . .

. . . .

»Welche Weiterbildungen haben Sie neben Ihrer Berufstätigkeit freiwillig absolviert?«
Ihre Antwort: . . . .

. . . .

. . . .

»Welche Kenntnisse und Fähigkeiten haben Sie sich außerhalb Ihrer Berufstätigkeit angeeignet?«
Ihre Antwort: . . . .

. . . .

. . . .

Fazit: Sie sind im Bewerbungsgespräch nicht dazu verpflichtet, sich selbst anzuklagen. Stellen Sie Ihre positiven
Seiten in den Vordergrund.

Fragen zur Person

Wir haben oft erlebt, dass Bewerber bei der Fragenkombination
»Erinnern Sie sich an Ihren schlechtesten Vorgesetzten? Was
hat Sie am meisten an ihm gestört?« plötzlich einen feuerro-
Formulieren Sie ten Kopf bekommen und wahre Hasstiraden auf ehemalige
positiv Vorgesetzte loslasssen. Dies sollten Sie im Vorstellungsgespräch nicht tun. Denn damit rücken Sie sich und nicht etwa
Ihren ehemaligen Vorgesetzten in ein schlechtes Licht. Über den

letzten Arbeitgeber, den derzeitigen Vorgesetzten und die Kollegen formulieren Sie bitte nur positiv. Sie gelten sonst als illoyal und schwierig.

Bei Fragen nach Konflikten am alten Arbeitsplatz sollten Sie abstrahieren. Zum Beispiel können Sie sagen: »Es ist immer schwierig, wenn wichtige Informationen zurückgehalten werden« oder »Unsachliche Kritik, die mit persönlichen Angriffen verbunden ist, stört mich«. Wenn hier nachgefragt wird, so geben Sie jeweils kurze Beispiele für derartige Konfliktsituationen, und zeigen Sie, wie Sie die Konflikte aufgelöst haben.

Auf Fragen nach Ihren Stärken oder Schwächen sind Sie ja bereits vorbereitet. Die Fragen »Wie würde Ihr bester Freund Sie beschreiben?« oder »Welche Eigenschaften müsste Ihr Stellvertreter mitbringen?« zielen in die gleiche Richtung: Es geht um eine Charakterisierung Ihrer eigenen Person und um Ihre Selbstreflexion. Nennen Sie die fachlichen Kenntnisse und persönlichen Fähigkeiten, die Sie für die ausgeschriebene Position mitbringen.

Konzentrieren Sie sich auf Ihre Stärken

Die Zielrichtung der Frage »Könnten Sie sich, wenn Sie eine Weile bei einem anderen Arbeitgeber gearbeitet hätten, eine Rückkehr zu Ihrem jetzigen Arbeitsplatz vorstellen?« ist klar: Man will wissen, ob Sie an Ihrem Arbeitsplatz unter hohem Druck stehen und ihn auf jeden Fall verlassen wollen.

Rückkehr zum alten Arbeitgeber

Beispiel

Frage: »Könnten Sie sich, wenn Sie eine Weile bei einem anderen Arbeitgeber gearbeitet hätten, eine Rückkehr zu Ihrem jetzigen Arbeitsplatz vorstellen?«

Antwort: »Die neue Position in Ihrer Firma ermöglicht mir, meine Kenntnisse und Fähigkeiten in den Bereichen X und Y einzusetzen. Mein alter Arbeitgeber hat keine derartige Position für mich, eine Rückkehr wäre mit dem Verlust der Tätigkeiten X und Y verbunden und ist daher für mich nicht vorstellbar.«

Antworten auf Fragen nach der Bedeutung von Arbeit und Freizeit und zu Erfolg oder Misserfolg sollten Sie vor dem Vorstellungsgespräch für sich geklärt haben. Im Mittelpunkt Ihrer Antworten sollte dabei stets der Bezug zur Berufstätigkeit stehen.

Bedeutung von Arbeit

Beispiele

Frage: »Was bedeutet Arbeit für Sie?«

Antwort: »Arbeit bedeutet für mich, mir Ziele zu setzen und diese Ziele zu erreichen, so habe ich bisher ... (Selbstpräsentation)«

Erfolg

Frage: »Was bedeutet Erfolg für Sie?«

Beispiel 2   *Antwort:* »Aus meiner Sicht bin ich dann erfolgreich, wenn es mir gelingt, private und berufliche Ziele miteinander zu verbinden. Arbeit ist für mich auch immer eine Möglichkeit der Selbstbestätigung, und beruflicher Erfolg strahlt positiv in mein Privatleben aus.«

Misserfolg

Frage: »Was bedeutet Misserfolg für Sie?«

Beispiel 3   *Antwort:* »Misserfolge akzeptiere ich nicht. Wenn ein angestrebtes Ziel nicht erreicht wird, überprüfe ich die Zielsetzung und analysiere mögliche Störfaktoren. So gelang es uns beispielsweise erst nach einer Modifikation der Marketingstrategie, unser Produkt erfolgreich auf dem spanischen Markt einzuführen.«

Fragen zur Person

Übung

In dieser Übung erwarten Sie einige Fragen, deren Sinn und Zweck nicht auf den ersten Blick deutlich wird. Manche dieser Fragen werden von Personalverantwortlichen eingesetzt, um Bewerber kurzfristig zu verunsichern. Bei den meisten Fragen geht es aber darum, wie Sie mit anderen Menschen zusammenarbeiten und welchen Arbeitsstil Sie bevorzugen.

Achten Sie bei Fragen nach inneren oder äußeren Konflikten darauf, dass Sie nicht zu tief in die Beschreibung von Krisen geraten. Hier sollten Sie in den Mittelpunkt Ihrer Antworten stellen, dass Ihr Umgang mit anderen und sich selbst reibungslos ist.

»Wie holen Sie sich aus seelischen Krisen heraus?«
Ihre Antwort: . . . .
. . . .
. . . .

»Was war in Ihrem Leben die schwierigste Entscheidung?«
Ihre Antwort: . . . .
. . . .
. . . .

»Kennen Sie beruflich erfolgreiche Menschen?«
Ihre Antwort: . . . .
. . . .
. . . .

»Wie wirken Kritik und Anerkennung auf Sie?«
Ihre Antwort: . . . .
. . . .
. . . .

»Wie reagieren Sie bei ungerechtfertigter Kritik?«
Ihre Antwort: . . . .
. . . .
. . . .

»Wenn Sie noch einmal von vorn anfangen könnten, was
würden Sie anders machen?«
Ihre Antwort: . . . .
. . . .
. . . .

»Was bedeutet Arbeit für Sie? Was Freizeit?«
Ihre Antwort: . . . .
. . . .
. . . .

»Was würden Sie tun, wenn Sie mehr Freizeit hätten?«
Ihre Antwort: . . . .
. . . .
. . . .

»Was bedeutet Erfolg für Sie? Was Misserfolg?«
Ihre Antwort: . . . .
. . . .
. . . .

»Wie verhalten Sie sich in unangenehmen Situationen?«
Ihre Antwort: . . . .
. . . .
. . . .

»Arbeiten Sie lieber allein oder lieber im Team?«
Ihre Antwort: . . . .
. . . .
. . . .

»Welche Eigenschaft stört Sie an Menschen am meisten?«
Ihre Antwort: . . . .
. . . .
. . . .

»Könnten Sie sich, wenn Sie eine Weile bei einem anderen
Arbeitgeber gearbeitet hätten, eine Rückkehr auf Ihren jet-
zigen Arbeitsplatz vorstellen?«
Ihre Antwort: . . . .
. . . .
. . . .

»Wie, glauben Sie, schätzen andere Menschen Sie ein?«
Ihre Antwort: . . . .
. . . .
. . . .

»Wenn wir Ihren besten Freund fragen würden, wie würde
er Sie beschreiben?«
Ihre Antwort: . . . .
. . . .
. . . .

»Wenn Sie einen Stellvertreter für sich auszusuchen hätten, welche Eigenschaften müsste er mitbringen?«
Ihre Antwort: . . . .
. . . .
. . . .

»Welche Eigenschaften müsste Ihr idealer Vorgesetzter
mitbringen?«
Ihre Antwort: . . . .
. . . .
. . . .

»Erinnern Sie sich an Ihren schlechtesten Vorgesetzten. Was hat Sie am meisten an ihm gestört?«
Ihre Antwort: . . . .
. . . .
. . . .

»Nennen Sie mir bitte drei Stärken/Schwächen von Ihnen!«
Ihre Antwort: . . . .
. . . .
. . . .

»Was tun Sie lieber: zuhören oder reden?«
Ihre Antwort: . . . .
. . . .
. . . .

»Was ist Ihre größte Stärke? Was Ihre größte Schwäche?«
Ihre Antwort: . . . .
. . . .
. . . .

»Welchen Führungsstil bevorzugen Sie?«
Ihre Antwort: . . . .
. . . .
. . . .

»Welche Erwartungen haben Sie an zukünftige Kollegen?«
Ihre Antwort: . . . .
. . . .
. . . .

»Was hat Sie an bisherigen Kollegen am meisten gestört?«
Ihre Antwort: . . . .

. . . .

. . . .

»Was tun Sie, wenn Ihr Vorgesetzter Ihre Vorschläge immer wieder ablehnt?«
Ihre Antwort: . . . .

. . . .

. . . .

Fragen zur privaten Lebensgestaltung

In den Unternehmen herrscht die Meinung vor, dass Kandidaten, die über ein stabiles soziales Umfeld verfügen, dauerhaft bessere Leistungen erbringen. Zu diesem sozialen Umfeld gehören Lebenspartner beziehungsweise Ehepartner, Bekanntenkreis, aber auch Sportvereine oder ehrenamtliches Engagement.

Bessere Leistungen durch ein stabiles Umfeld

Versuchen Sie nicht, Ihre persönlichen Fähigkeiten durch Freizeitaktivitäten belegen zu wollen. Es ist ein typischer Fehler von Bewerberinnen und Bewerbern, bei der Darstellung der persönlichen Fähigkeiten zu stark aus dem Freizeitbereich heraus zu argumentieren. Personalverantwortliche interpretieren dies in der Weise, dass Sie zu viel Energie in die Gestaltung Ihrer Freizeit stecken und diese Energie aus Ihrem Berufsleben abziehen.

Bei der Stellenvergabe steht aber Ihr Engagement für den Arbeitgeber auf dem Prüfstand. Auch Ihre persönlichen Fähigkeiten werden eher danach beurteilt, wie Sie berufliche Situationen bewältigen. Stellen Sie daher Ihre beruflichen Erfahrungen in den Vordergrund, und belegen Sie Ihre persönlichen Fähigkeiten möglichst anhand von beruflichen Aufgabenstellungen.

Sie müssen dennoch nicht auf die Darstellung Ihrer Hobbys verzichten. Zeigen Sie, dass Sie auch außerhalb des Berufs wissbegierig, lernfähig und verantwortungsbewusst sind. Vermeiden Sie dabei den Eindruck, nur einseitig interessiert zu sein, und zügeln Sie Ihre Begeisterung. Bei vielen Hobbys kommen Ihre Emotionen mit ins Spiel. Dies verführt zum Viel- und Dauerreden. Monologe zum Thema »Mein Aquarium« ermüden Personalverantwortliche schnell und zeigen nur, dass es nicht gerade die Arbeit ist, die Sie begeistert.

Auch Ihr Privatleben zählt

Das Losungswort, das Sie bei diesem Fragenkomplex weiterbringt, heißt »aktive Entspannung«. Informatiker, die den ganzen Tag programmieren und auch abends und am Wochenende allein vor ihrem PC sitzen, gelten als kommunikationsunfähige Einzelkämpfer. Überdurchschnittliches Engagement bei Freizeitaktivitäten, Risikosportarten, Leistungssportarten und regional begrenzten Sportarten sind im Vorstellungsgespräch jedoch in jedem Fall gefährlich.

Aktive Entspannung

Sie überzeugen dagegen, wenn Sie auf Freizeitaktivitäten verweisen, die Sie für die täglichen Anforderungen in Ihrem Beruf fit halten. Zweimal in der Woche Joggen oder Tennis spielen, lange Spaziergänge, um richtig abzuschalten, oder Radtouren mit der Familie sind gute Beispiele, um Ihre Fähigkeit zur aktiven Entspannung zu zeigen.

Bewerber, die sich ehrenamtlich engagieren, haben die besten Chancen, Ihre Freizeitaktivitäten im Vorstellungsgespräch positiv darzustellen. Auf diese Weise haben Sie auch die Möglichkeit, Ihr Engagement für den Sport passend aufzubereiten. Achten Sie darauf, dass Ihr Engagement mit einer (Funktionärs-)Position verbunden ist. So zeigen Sie, dass Sie auch privat bereit sind, Verantwortung zu übernehmen und gestaltend zu wirken.

Engagement im Sportverein

Frage: »Engagieren Sie sich auch in der Freizeit für Dinge, die Ihnen am Herzen liegen?«

Antwort: »Ich finde es wichtig, sich privat zu engagieren. Im sportlichen Bereich habe ich als zweiter Vorsitzender des örtlichen Turnvereins dafür gesorgt, dass Jugendliche sich in neuen Sportarten zusammenfinden konnten. Ich habe den Bau eines Volleyballfeldes auf dem vereinseigenen Sportgelände initiiert und eine Jugendsparte Volleyball gegründet, die von den Jugendlichen selbst geleitet wird.«

Die Angaben über Ihren Familienstand im Lebenslauf sagen wenig über Ihr Privatleben aus. Weisen Sie Fragen nach Ihrer weiteren Familien- und Lebensplanung nicht mit der Bemerkung »Das geht keinen etwas an!« zurück (Sehen Sie dazu auch das Kapitel »Was tun bei unzulässigen Fragen«). Sie zeigen durch überlegte Antworten auf Fragen wie »Was denkt Ihr Lebenspartner über Ihren Beruf?«, dass Sie sich mit den zu erwartenden Veränderungen Ihres Privatlebens gründlich auseinander gesetzt haben. Dies ist besonders wichtig, wenn die berufliche Veränderung mit einem Umzug verbunden ist.

Bleiben Sie offen, aber überlegt

Unsichere Antworten lassen die Befürchtung aufkommen, dass Ihr Lebenspartner noch nichts über die neue Stelle weiß und Ihre Entscheidung damit noch beeinflussen kann. Damit verschlechtern Sie Ihre Position gegenüber anderen Mitbewerbern deutlich. Je überzeugender Sie darlegen, dass Ihr Lebenspartner Sie beim Erreichen beruflicher Ziele unterstützt, desto besser sind Ihre Karten. Bei einem unserer Kunden haben wir sogar erlebt, dass die Lebenspartnerin mit zu einem Vorstellungsgespräch eingeladen wurde.

Fragen zum Privatleben

Übung

Die Fragen zum Privatleben dienen einerseits dazu, die Gesprächssituation zu entspannen. Sie werden aber auch eingesetzt, um Ihre Angaben in den anderen Frageblöcken zu überprüfen.

Wenn Sie sich zum Beispiel als beruflichen Teamplayer darstellen, Ihre Freizeit jedoch ausschließlich allein beim Angeln verbringen, wird dies Personalverantwortliche stutzig machen. Achten Sie deshalb darauf, dass Ihre Angaben zu Ihrem Verhalten gegenüber Kollegen und Mitarbeitern den Antworten gleichen, die Sie zum Umgang mit Freunden und Bekannten in Ihrer Freizeit geben.

Generell sollten Sie darauf achten, dass deutlich wird, dass Sie in einem stabilen sozialen Umfeld leben und sich auch in Ihrer Freizeit engagieren.

»Was denkt Ihr Lebenspartner über Ihren Beruf?«
Ihre Antwort: . . . .
. . . .
. . . .

»Welchen Beruf übt Ihre Lebenspartnerin aus?«
Ihre Antwort: . . . .
. . . .
. . . .

»Welche Unterstützung bekommen Sie von Ihrem Lebenspartner für Ihren Beruf?«
Ihre Antwort: . . . .
. . . .
. . . .

»Wie sieht Ihre private Lebensplanung aus?«
Ihre Antwort: . . . .
. . . .
. . . .

»Was machen Sie in Ihrer Freizeit?«
Ihre Antwort: . . . .
. . . .
. . . .

»Was haben Sie in der letzten Woche in Ihrer freien Zeit gemacht?«
Ihre Antwort: . . . .
. . . .
. . . .

»Welche Hobbys haben Sie?«
Ihre Antwort: . . . .
. . . .
. . . .

»Sind Sie in Ihrer Freizeit lieber allein oder ziehen Sie die
Geselligkeit in der Gruppe vor?«
Ihre Antwort: . . . .
. . . .
. . . .

»Sind Sie Mitglied in einem Verein?«
Ihre Antwort: . . . .
. . . .
. . . .

»Welche Zeitungen/Zeitschriften lesen Sie?«
Ihre Antwort: . . . .
. . . .
. . . .

»Welches Buch haben Sie zuletzt gelesen?«
Ihre Antwort: . . . .
. . . .
. . . .

»Welchen Film haben Sie zuletzt gesehen?«
Ihre Antwort: . . . .
. . . .
. . . .

»Gehen Sie gern ins Kino/Theater/Museum/Konzert?«
Ihre Antwort: . . . .
. . . .
. . . .

»Reisen Sie im Urlaub gerne oder verbringen Sie Ihre Zeit
lieber zu Hause?«
Ihre Antwort: . . . .
. . . .
. . . .

»Wie entspannen Sie sich?«
Ihre Antwort: . . . .
. . . .
. . . .

»Treiben Sie Sport? Wenn ja, welchen, und wenn nein, warum nicht?«

Ihre Antwort: . . . .

. . . .

. . . .

»Haben Sie schon einmal über ehrenamtliches Engagement nachgedacht?«

Ihre Antwort: . . . .

. . . .

. . . .

»Liegt Ihnen außerhalb Ihres Berufes noch etwas am Herzen?«

Ihre Antwort: . . . .

. . . .

. . . .

»Zu welchen Freizeitaktivitäten würden Sie Ihre Kinder anregen?«

Ihre Antwort: . . . .

. . . .

. . . .

Fazit: Der Bewerber als Privatperson ist für Personalverantwortliche hauptsächlich deshalb interessant, weil durch sein Freizeitverhalten Rückschlüsse auf das Verhalten in der Firma gezogen werden können.

Auf diese Fragen müssen Sie sich einstellen

- Im Vorstellungsgespräch müssen Sie mit Fragen aus diesen Bereichen rechnen:
  - Ihre Motivation der Bewerbung
  - die neue Firma
  - Ihre berufliche Entwicklung
  - Ihre Persönlichkeit
  - Ihre private Lebensgestaltung
- Mit Fragen zur Motivation der Bewerbung soll überprüft werden, wie ernsthaft Sie sich mit Ihrer beruflichen Zukunft auseinander gesetzt haben und warum Sie bei gerade dieser Firma arbeiten möchten.
- Die Fragen zur neuen Firma dienen dazu, festzustellen, ob und wie umfassend Sie sich über Ihren möglichen neuen Arbeitgeber informiert haben.
- Fragen zu Ihrer beruflichen Entwicklung werden Ihnen gestellt, um aus Ihrer beruflichen Vergangenheit eine Prognose für die Zukunft im neuen Unternehmen herleiten zu können.
- Die Fragen zu Ihrer Persönlichkeit sollen Rückschlüsse auf Ihren Umgang mit Vorgesetzten und Kollegen erlauben.
- Ihre private Lebensgestaltung interessiert Personalverantwortliche, weil ein stabiles Privatleben als Voraussetzung für berufliche Leistungsfähigkeit angesehen wird.

9

Fragen, die Sie stellen sollten

In diesem Kapitel erfahren Sie, warum von Bewerbern erwartet wird, dass sie konkrete eigene Vorstellungen von der zukünftigen beruflichen Position in das Vorstellungsgespräch einfließen lassen.

Karriereplanung ist ein langwieriger Prozess, der am erfolgreichsten ist, wenn er auf möglichst vielen Informationen beruht. In der Fachsprache der Personalexperten heißt das Schlagwort dazu »realistische Tätigkeitsvorausschau«. Es hat sich in der Praxis gezeigt, dass Bewerber, die sich umfassend über den neuen Arbeitgeber und Arbeitsplatz informiert haben, in der neuen Position mehr Frustrationstoleranz und Ausdauer zeigen als Bewerber, die mit weniger Vorwissen in die neue Firma hineinstolpern.

Informieren Sie sich umfassend über Ihren potenziellen Arbeitgeber

Ihre Fragen bitte

Aus unserer Erfahrung können wir bestätigen, dass Ihre Fragen an die Firma für Sie enorm wichtig sind. Wechseln Sie auf keinen Fall die Stelle nach der Devise »Hauptsache irgendwas Neues«. Wenn es nach zwei Wochen in der neuen Position kriselt, weil Sie nicht wussten, dass die Position für Sie neu geschaffen wurde und Sie nun ohne Ansprechpartner für die Einarbeitung zwischen allen Hierarchiestufen hängen, haben Sie ein echtes Problem. Der Weg zurück ist verbaut, und Sie müssen dem nächsten Arbeitgeber erklären, warum Sie schon wieder wechseln wollen.

Bereiten Sie Ihren Stellenwechsel daher durch gezielte Fragen im Vorstellungsgespräch so gründlich wie möglich vor. Verärgern Sie jedoch Ihre Gesprächspartner nicht dadurch, dass Sie gleich zu Beginn des Gesprächs einen Fragenkatalog aus der Tasche ziehen und Frage für Frage abhaken. Wenn Sie erkennen, dass Sie sich in einer weniger strukturierten Phase des Vorstellungsgespräches befinden, können Sie einzelne Fragen einfließen lassen. Ansonsten stellen Sie Ihre Fragen am besten am Ende des Bewerbungsgespräches.

Bereiten Sie Ihre Fragen gründlich vor

Aber beginnen Sie nicht mit Fragen nach der Gleitzeit, den Urlaubstagen, der Abgeltung von Überstunden, der privaten Nutzung des Pkw oder sozialen Extraleistungen. Auch die Frage »Die Aktienkurse Ihres Unternehmens fallen in den letzten Monaten ja täglich. Wie sicher ist mein neuer Arbeitsplatz eigentlich?« zeigt zwar, dass Sie sehr gut informiert sind, führt aber sicherlich nicht zu einer optimalen Gesprächsatmosphäre. Stellen Sie Fragen, die für Sie bei der Ausübung Ihrer neuen beruflichen Tätigkeit wirklich von Interesse sind.

Fragen zur Einarbeitung und zu Ihrer Stellung in der Firmenhierarchie sind für Sie wichtig und unverzichtbar. Sie müssen jedoch beachten, was und wie Sie fragen, damit Ihre Auffassungsgabe nicht in schlechtem Licht erscheint. Hüten Sie sich davor, Informationen, die Ihnen bereits im Gespräch gegeben wurden, am Schluss des Gespräches noch einmal einzufordern. Berücksichtigen Sie die im Kapitel »Frage- und Antworttechniken« dargestellten Tipps, und formulieren Sie offene Fragen. So können Sie Ihre Kommunikationsfähigkeit deutlich machen und den Gesprächsfluss erhalten.

Im Vordergrund: Ihre neue Tätigkeit

Bewerberfragen

Markieren Sie in der folgenden Liste die Fragen, die Sie für besonders wichtig halten. Diese Fragen sollten Sie, ergänzt durch eigene Fragen, auf einem Extrablatt notieren, das Sie zum Bewerbungsgespräch mitnehmen.

- Wie ist die Einarbeitung geplant? Wer ist während der Einarbeitungsphase mein Ansprechpartner?
- In welchem Verhältnis steht der Zeitaufwand für die wesentlichen Aufgaben meiner Position (z.B. zeitliche Anteile von Beratung, Verkauf und Service oder Innen-/ Außendienst)?
- Wer ist mein direkter Vorgesetzter, gibt es die Möglichkeit, ihn vorher kennen zu lernen? Welche Ausbildung/ Qualifikation hat er?
- Wurde die ausgeschriebene Position neu geschaffen?
- Wenn nicht: Wie lange hat mein Vorgänger auf dieser Position gearbeitet und wo ist er jetzt? (Bei kurzer Dauer: Wie lange der Vorgänger des Vorgängers?)
- Wie ist die Position in die betriebliche Organisation und Hierarchie eingegliedert?
- Gibt es einen Organisationsplan des Unternehmens?
- Welchen Anteil haben Dienstreisen an meiner Tätigkeit?
- Welche Weiterbildungsmöglichkeiten gibt es?
- Wie und in welchen Zeitabständen werden Mitarbeiterbeurteilungen durchgeführt?
- Wie hoch ist das Gehalt? Gibt es außertarifliche Leistungen?
- Gibt es eine betriebliche Altersvorsorge/Lebensversicherung?
- Wird ein Firmenwagen gestellt? Wie wird die private Nutzung abgerechnet?

- Wie ist die Arbeitszeit geregelt? (Gleitzeit?)
- Wie viele Tage umfasst der Jahresurlaub?

Fragen, die Sie stellen sollten

Im Blick

- Es wird von Ihnen erwartet, dass Sie im Vorstellungsgespräch eigene Fragen stellen.
- Mit den richtigen Fragen dokumentieren Sie Ihr Interesse am neuen Arbeitsplatz.
- Ihre Fragen sind wichtig, damit das Vorstellungsgespräch nicht zum Schlagabtausch, sondern zum Dialog wird.
- Überlegen Sie sich vor Ihrem Vorstellungsgespräch einige Fragen. Schreiben Sie diese Fragen auf und stellen Sie sie an passender Stelle.
- Sie punkten im Vorstellungsgespräch, wenn Sie zunächst Fragen stellen, die einen unmittelbaren Bezug zur neuen beruflichen Tätigkeit haben. Fragen Sie gezielt zu den einzelnen Tätigkeiten in der neuen Position, zur Einarbeitung, zur Ausstattung des Arbeitsplatzes, zu Kollegen und zu Vorgesetzten.
- Fragen nach der Anzahl der Urlaubstage, der Gleitzeit, dem Essenszuschuss, der Abgeltung von Überstunden, der privaten Nutzung des Firmenwagens und sozialen Extraleistungen können die Gesprächsatmosphäre trüben. Deshalb gehören diese Fragen ans Ende des Gesprächs.

10

Was tun bei unzulässigen Fragen?

Sie sollten sich schon vor dem Vorstellungsgespräch überlegen, bei welchen Fragen Sie Informationsgrenzen setzen möchten. In diesem Kapitel stellen wir Ihnen die Fragen vor, die in Vorstellungsgesprächen eigentlich nicht erlaubt sind. Sie erfahren, warum es trotzdem sinnvoll sein kann, auch auf unzulässige Fragen gelassen zu antworten.

Es werden Ihnen im Bewerbungsgespräch auch Fragen gestellt, die Sie eigentlich nicht beantworten müssen oder bei deren Beantwortung Sie lügen dürfen – zumindest juristisch gesehen. Es gibt Bewerber, die unzulässige Fragen auswendig gelernt haben, und dann das ganze Vorstellungsgespräch darauf lauern, dass ihnen eine derartige Frage gestellt wird – worauf sie in tiefster moralischer Inbrunst die Beantwortung weiterer Fragen ablehnen. Manche Bewerber drohen auch damit, den Personalrat oder/und die Gewerkschaft einzuschalten. Das Ergebnis solchen Verhaltens ist dann normalerweise, dass der Personalverantwortliche die Einstellung des Kandidaten ablehnt.

Bleiben Sie souverän

Wie reagieren Sie?

Viele Bewerber übersehen, dass diese unzulässigen Fragen oft gestellt werden, um die Reaktion der Bewerber zu testen, insbesondere die Stressresistenz. Die Grenze zwischen einem wirklichen Interesse an der Beantwortung einer eigentlich unzulässigen Frage und dem Einsatz dieser Frage als Stressfrage ist zugegebenermaßen undurchsichtig.

Familienplanung

Beispiele

Beispiel 1

Sollten Sie als Frau mit der Frage nach zukünftigen Kinderwünschen konfrontiert werden, wäre eine Antwortstrategie sinnvoll, die deutlich macht, dass Sie sich mit dieser Frage genauso intensiv beschäftigt haben wie mit anderen persönlichen und fachlichen Aspekten, die mit der Ausübung des Berufes zusammenhängen. Die Frage »Wie stellen Sie sich Ihre weitere private Lebensplanung vor? Wann möchten Sie Kinder bekommen?« ist mit einer aufbrausend trotzigen Antwort wie »Das geht Sie gar nichts an!« schlecht beantwortet.

Eine geeignetere Antwort wäre: »Ich habe meine weitere Lebensplanung mit meinem Freund/Ehemann intensiv besprochen. Kinder spielen in unseren Überlegungen keine Rolle. Für mich stehen die beruflichen Ziele im Vordergrund. Aufbauend auf meine Ausbildung und meine erste Berufserfahrung möchte ich jetzt bei Ihnen umfassendere Aufgaben und mehr Verantwortung übernehmen.«

Parteizugehörigkeit

Beispiel 2

Die Frage »Wenn nächsten Sonntag Bundestagswahlen anstünden, welche Partei würden Sie wählen?« ist mit der knappen, angriffslustigen Bemerkung »Ich wüsste nicht, warum ich Ihnen auf diese Frage antworten sollte!« ebenfalls nicht optimal beantwortet.

Eleganter ist hier die folgende Antwort: »Ich würde sicherlich eine Partei wählen, die mit ihrer Politik sowohl die Interessen der Wirtschaft als auch der Arbeitnehmer berücksichtigt.«

Lassen Sie sich nicht aus der Fassung bringen. Oftmals will man weniger den Inhalt als vielmehr die Art und Weise Ihrer Reaktion kennen lernen. Besonders wenn es um Arbeitsfelder in Beratung und Verkauf geht, versucht man damit festzustellen, ob

Sie in der Lage sind, souverän mit schwierigen Gesprächs-partnern/Kunden umzugehen oder angespannte Gesprächs-situationen auszuhalten oder besser noch zu entschärfen.

Entschärfen Sie die ange-spannte Situation

Auch im Umgang mit Kollegen und Mitarbeitern werden Sie immer wieder unterschiedliche Ansichten und Ansprü-che erwarten. Personalverantwortliche wissen, dass in den einzelnen Fachabteilungen nicht ständig Harmonie herrscht. Wenn Sie als Bewerber den Eindruck erwecken, dass Sie bei Kon-flikten die Schmollecke bevorzugen, machen Sie es sich unnötig schwer. Man wird Ihnen unterstellen, dass Sie nicht in der Lage sind, Konflikte offen auszutragen, sondern einen zwischen-menschlichen Blockadestil bevorzugen.

Vor allem ist es wichtig für Sie, bei kritischen und emotional besetzten Fragen gelassen zu reagieren und überlegt zu antwor-ten. Personalabteilungen sind keine Geheimdienste. Man will Sie weder ausspionieren noch durchleuchten, sondern eher Ihre Reaktion sehen. Unzulässige Fragen werden deshalb immer wie-der in Gesprächen auftauchen, und Sie müssen in der Lage sein, auf diese souverän zu reagieren. Und vergessen Sie nie: Ihr Vor-teil liegt darin, dass Sie auf unzulässige Fragen nicht wahrheits-gemäß antworten müssen.

Wir stellen Ihnen jetzt einige typische Fragen vor, deren Be-antwortung Sie fantasievoll gestalten können. Außerdem nen-nen wir Ihnen die Ausnahmen, bei denen Sie wahrheitsge-mäß antworten sollten, da Sie sonst mit arbeitsrechtlichen Nachteilen rechnen müssen.

Sie haben Spielraum – nutzen Sie ihn!

Fragen nach Schwangerschaft und konkreter Familien-planung sind im Vorstellungsgespräch grundsätzlich unzu-lässig. Eine Ausnahme liegt in der möglichen Gesundheitsschä-digung des Embryos. Deshalb darf eine Schwangere bestimmte Arbeiten nicht ausüben: beispielsweise eine Tätigkeit in einer Röntgenabteilung, die mit erhöhter Strahlenbelastung verbun-den ist, oder eine Tätigkeit im Labor, die den Umgang mit ge-fährlichen Chemikalien beinhaltet.

Trainieren Sie
Ihre Reaktion
auf unzulässige
Fragen

Fragen nach Konfession, Partei- und Gewerkschaftszugehörigkeit sind unzulässig. Ausnahmen gelten für so genannte Tendenzbetriebe, das heißt, wenn der Arbeitgeber eine Kirche, eine Partei oder eine Gewerkschaft ist. Sucht beispielsweise ein katholischer Kindergarten eine Erzieherin, ist die Frage nach der Religionszugehörigkeit im Vorstellungsgespräch erlaubt.

Die Zulässigkeit der Frage nach Aids ist noch nicht endgültig geklärt. Eine Aids-Infektion braucht meistens nicht genannt werden, eine Aids-Erkrankung dagegen muss angegeben werden. Eine Aids-Infektion muss dann genannt werden, wenn die Tätigkeit andere Menschen gefährden kann.

Fragen nach Lohnpfändungen und Vermögensverhältnissen sind unzulässig. Als Ausnahme gilt jedoch, wenn der Bewerber eine Position mit umfangreichem Geldverkehr anstrebt, wie zum Beispiel Kassierer in einer Bank.

Fragen nach Vorstrafen sind unzulässig. Ausnahmen sind auch hier möglich, wenn die Vorstrafe für den Arbeitsplatz von direkter Bedeutung ist, beispielsweise Verkehrsdelikte bei Außendienstmitarbeitern oder Unterschlagung bei Bewerbern um eine Stelle als Buchhalter.

Achtung: Die Frage nach Schwerbehinderungen ist erlaubt. Kommt zu einem späteren Zeitpunkt heraus, dass der Bewerber zum Zeitpunkt der Einstellung schwerbehindert war, ist der Arbeitsvertrag von Anfang an nichtig.

Unzulässige Fragen

Im Blick

- Es gibt im Vorstellungsgespräch unzulässige Fragen, bei deren Beantwortung Sie nicht die Wahrheit sagen müssen.
- Bewerberinnen und Bewerber verkennen oft, dass unzulässige Fragen in vielen Fällen gestellt werden, um das Stressverhalten zu überprüfen.

- Sie beantworten unzulässige Fragen dann glaubwürdig, wenn Sie sich vor dem Bewerbungsgespräch mit Antwortalternativen auseinander gesetzt haben.
- Fragen nach dem Vorliegen einer Schwangerschaft sind unzulässig. Ausnahme: Mögliche Schädigung des Fötus durch die Tätigkeit.
- Fragen nach der künftigen Familienplanung sind unzulässig.
- Fragen nach Konfession, Partei- oder Gewerkschaftszugehörigkeit sind unzulässig. Ausnahme: Tendenzbetriebe.
- Fragen nach einer Aidserkrankung müssen wahrheitsgemäß beantwortet werden.
- Fragen nach Lohnpfändungen sind unzulässig. Ausnahme: Die Vorstrafe steht in Beziehung zur ausgeschriebenen Stelle.
- Fragen nach Schwerbehinderungen sind erlaubt und müssen wahrheitsgemäß beantwortet werden.

11

Gehaltsvorstellungen: Was ist realistisch?

Bei der Suche nach einer verantwortungsvolleren und interessanteren Position steht für viele Bewerber auch der Wunsch nach einem höheren Gehalt im Vordergrund. In diesem Kapitel erläutern wir Ihnen, wie Sie Ihre Gehaltsvorstellungen taktisch durchsetzen.

Für Bewerber ist der Aspekt Gehaltsvorstellung im Bewerbungsgespräch eine schwierige Angelegenheit. Viele befürchten, dass ihr Vorschlag zu niedrig ist, sie sich unter Preis verkaufen und die Chance einer spürbaren Gehaltsverbesserung nicht ausreichend nutzen. Oder sie befürchten, dass sie sich durch zu hohe Gehaltsforderungen frühzeitig selbst aus dem Rennen werfen.

Im Vorstellungsgespräch sollte es Ihnen gegenüber den Personalverantwortlichen vorrangig um Ihre Karriere gehen. Sie sollten Fortschritte in der Karriere Ihren potenziellen Arbeitgebern gegenüber inhaltlich plausibel machen (dazu finden Sie die nötigen Informationen im Kapitel »Gute Gründe für den Stellenwechsel«). Das Gehalt ist aus diesem Grund »nur« der formale Rahmen Ihrer zukünftigen Tätigkeit.

Im Vordergrund steht der Karriereschritt

Einige Punkte müssen Sie allerdings bei Ihren Gehaltsvorstellungen beachten. Sie haben mit Ihrer Selbstpräsentation eine Entwicklungslinie in Ihrem Berufsleben dargestellt, die auf die neue Position hinführt. Da diese Entwicklungsline »nach oben« führt, sie also weiter »aufsteigen« möchten und deshalb auch mehr Verantwortung und Gestaltungsfreiräume in dieser neuen Position suchen, sollte die neue Stelle auch besser dotiert sein als Ihre vorherige.

Als Richtschnur gilt: Verlangen Sie etwa 20 Prozent mehr Brutto-Jahresgehalt. Das ist in dieser Höhe für Personalverantwortliche plausibel. Ansonsten vermutet man, dass hinter Ihrem angestrebten Stellenwechsel etwas anderes als der Wunsch nach dem nächsten Karriereschritt steht.

Verlagen Sie rund 20 Prozent mehr

Gehaltshöhe ermitteln

Argumentieren Sie immer mit Brutto-Jahresgehältern. Wenn Sie Monatsgehälter als Verhandlungsbasis angeben, haben Sie noch nicht die Anzahl der Monatsgehälter (12, 13 oder 14) geklärt. Ebenso wenig haben Sie in Ihre Gehaltsvorstellungen Sonderleistungen und Vergünstigungen einbezogen.

Informieren Sie sich über mögliche Gehälter in Ihrer Branche. Sie können über Fachzeitschriften, Verbände oder das Internet an Zahlen gelangen. Ebenso können Sie berufsbegleitende Beilagen und Sonderseiten von Tageszeitungen oder Wirtschaftsjournale nach Anhaltspunkten für Ihre Gehaltswünsche studieren. Wir stellen Ihnen hierzu eine Übersicht nach Positionen der Gesellschaft für Verhaltensanalyse und Evaluation (geva) zur Verfügung, die auf einer Befragung von 25 000 Angestellten beruht.

Argumentieren Sie immer mit Brutto-Jahresgehältern

Gehälter von Angestellten (jeweils in D-Mark)

Unternehmens-größe (Anzahl Beschäftigte)	Abteilungs-leiter	Gruppen- und Projekt-leiter	Qualifizierte Spezialisten	Sachbe-arbeiter
bis 150	126 203	106 163	94 631	79 083
151 bis 500	134 312	110 085	97 509	81 742
501 bis 1500	143 383	112 866	97 859	84 195
1501 bis 6500	151 513	117 679	103 102	88 384

Branche	Abteilungs-leiter	Gruppen- und Projekt-leiter	Qualifizierte Spezialisten	Sachbe-arbeiter
Maschinen- und Fahrzeugbau	145 304	110 124	96 986	89 049
Elektrotechnik, Elektronik	150 003	110 381	96 964	84 955
Chemie, Pharma	153 685	119 890	100 794	83 257
Bau, Baustoffe	138 911	117 083	93 877	81 126
Flugzeugbau	141 184	124 750	106 458	97 348
Nahrungs- und Genussmittel	140 525	107 009	96 008	82 053
Metall	145 047	110 608	93 832	77 375
Feinmechanik, Optik	143 620	107 667	99 312	92 865
Finanzdienst-leistungen	139 425	117 033	103 943	85 220
Unternehmens-beratung	166 860	121 428	96 913	81 510
Verkehr, Tourismus	133 676	120 111	94 930	85 655
Handel	133 650	109 716	97 302	82 951
Handwerk	109 077	110 771	76 981	k. A.

Quelle: Vergütungsstudie der Gesellschaft für Verhaltensanalyse und Evaluation, München (Befragung von 25 000 Fach- und Führungskräften)/ eigene Berechnungen

Informieren Sie sich über den Gehaltsrahmen

Je nach Lage auf dem Arbeitsmarkt sind natürlich große Schwankungen möglich. Abgesehen davon hängt das Gehalt, das Sie in Ihrer neuen Position erzielen können, stark von Ihrer aussagekräftigen Selbstpräsentation ab. Informieren Sie sich vor einem Gespräch immer über den Gehaltsrahmen, in dem sich Ihre angestrebte Position bewegt, denn Ihre Vertrautheit mit den Anforderungen der Branche zeigt sich auch darin, dass Sie mit der üblichen Gehaltshöhe vertraut sind.

Ein Hinweis: Bewerber, die aus dem öffentlichen Dienst kommen, sollten bei Fragen nach Ihrer Gehaltsvorstellung niemals unter Bezug auf den Bundesangestelltentarif des öffentlichen Dienstes (BAT) antworten. Bewerber in der »freien Wirtschaft«, die auf BAT verweisen, trüben damit die Gesprächsatmosphäre erheblich. »Öffentlicher Dienst« und »Tarif« sind negative Reizworte im Vorstellungsgespräch. Sie bringen Personalverantwortliche damit in eine genauso schlechte Stimmung, als wenn Sie »Gewerkschaft«, »Frauenquote«, »Betriebsrat«, »35-Stunden-Woche« oder »Arbeitsgericht« rufen würden. **Vermeiden Sie Reizworte**

Gehaltsforderungen taktisch durchsetzen

Gehaltsdiskussionen gehören an das Ende eines Vorstellungsgespräches und nicht an den Anfang. Jeder weiß zwar, dass Sie arbeiten, um Geld zu verdienen. Trotzdem heißt ein ungeschriebenes Gesetz des Bewerbungsverfahrens, dass Sie in erster Linie wegen der interessanten Position und der zukünftigen Aufgabenstellungen arbeiten wollen und dass das Gehalt lediglich eine zwangsläufige Konsequenz Ihrer ausgeübten Tätigkeit ist. **Verschiedene Lösungsmöglichkeiten**

Aus unseren Erfahrungen wissen wir, dass ein interessanter Kandidat im Bewerbungsgespräch nur äußerst selten an den Gehaltswünschen scheitert. Im grundsätzlichen Einvernehmen über die Eignung lässt sich fast immer eine Lösung finden, die für beide Seiten akzeptabel ist. Dies können vertraglich vereinbarte Erhöhungen des Gehaltes nach der Probezeit sein oder Zusatzleistungen, wie die private Nutzung von Dienstwagen oder die Übernahme von Weiterbildungskosten.

Wichtig dabei ist: Nur was schriftlich festgehalten wird, hat später auch Bestand. Lassen Sie sich auf keinen Fall mit der

Floskel »Wenn Sie sich in unserer Firma bewähren, werden wir nach der Probezeit neu verhandeln« abspeisen.

Argumentieren Sie bei Gehaltsverhandlungen – wie im gesamten Bewerbungsverfahren – aus der Sicht der Firma. Verweisen Sie auf spezielle Anforderungen der ausgeschriebenen Position, die gerade Sie mit Ihren Kenntnissen und Fähigkeiten erfüllen. Branchenerfahrung, sofort einsetzbares Wissen und Spezialkenntnisse können Ihr neues Einkommen erhöhen.

Immer schriftlich fixieren lassen

Taktisch verhandeln

Beispiel

Wenn man Ihnen am Ende des Vorstellungsgespräches mitteilt: »Die von Ihnen geforderten 93 000 Mark Jahresgehalt können wir Ihnen beim besten Willen nicht zahlen«, sollten Sie dies als Möglichkeit sehen, Ihren Nutzen für die Firma noch einmal darzustellen. Sie haben von der Gegenseite soeben ein Kaufsignal erhalten. Es geht jetzt darum, die Unsicherheit auf Seiten des neuen Arbeitgebers abzubauen.

Zum Beispiel könnten Sie sagen: »Ich verfüge über umfassende Branchenerfahrungen, habe bei meinem bisherigen Arbeitgeber Großkunden betreut und die Zahl der Verkaufsabschlüsse in den letzten beiden Jahren jeweils um 25 Prozent steigern können. Die umfassende Kundenbetreuung in der neuen Position erfordert mehr Reisetätigkeit von mir. Ich glaube, dass ein Jahresgehalt von 93 000 Mark meine Berufs- und Branchenerfahrung angemessen honoriert.«

Ein wesentlicher Teil der Gehaltsverhandlung ist Ihre Einordnung in das bestehende Gehaltsgefüge der Firma durch den Personalverantwortlichen. Ihr Einstiegsgehalt muss zu den Gehältern Ihrer zukünftigen Kollegen in einer vertretbaren Relation stehen. Sie selbst brauchen diese Einordnung nicht zu leisten, aber Sie müssen Ihrem Gesprächspartner auf der Firmenseite Argumente liefern, damit er Ihre Gehaltswünsche gegenüber anderen Entscheidungsträgern rechtfertigen kann.

Ihr individuelles Profil stärkt Ihre Verhandlungsposition

Je klarer Sie daher im Gespräch herausarbeiten, was Sie von anderen Mitbewerbern positiv abhebt, desto stärker ist Ihre Verhandlungsposition.

Gehaltsfragen

Das Brutto-Jahresgehalt sollte für Sie nicht der einzige Maßstab bei der Kalkulation Ihres Gehaltswunsches sein. Wenn Sie von Ihrer jetzigen Firma Zusatzleistungen erhalten oder die Möglichkeit haben, Nebenverdienste zu erzielen, müssen Sie dies bei den Gehaltsverhandlungen berücksichtigen. Sonst kann es sein, dass Sie selbst bei einem höheren Grundgehalt in der neuen Position keine reale Gehaltssteigerung erzielen.

Stellen Sie sich daher die folgenden Fragen, wenn Sie Ihr neues Wunschgehalt ausarbeiten.

- Erhalten Sie Urlaubs- beziehungsweise Weihnachtsgeld?
- Erhalten Sie vermögenswirksame Leistungen?
- Schließt die Firma für Sie Zusatzversicherungen ab?
- Kommen Sie in den Genuss von Firmenrabatten?
- Erhalten Sie kostengünstiges Mittagessen in der Kantine?
- Wie sind die Reisekostenvergütungen bemessen?
- Stellt man Ihnen einen Firmenwagen zur Verfügung?
- Gibt es eine zusätzliche betriebliche Altersvorsorge?
- Bewohnen Sie eine Firmenwohnung mit günstiger Miete? Stellt der neue Arbeitgeber eine Firmenwohnung?
- Beteiligt sich Ihr neuer Arbeitgeber an den Umzugskosten oder übernimmt er sie komplett?

- Wie hoch ist Ihre bisherige Mietbelastung, und wie hoch sind die Mietpreise und Lebenshaltungskosten an Ihrem neuen Tätigkeitsort (Stadt-Land-/Nord-Süd-Gefälle)?
- Erhalten Sie Zusatzvergütungen für Außendienst- beziehungsweise Auslandseinsätze?
- Wie werden Überstunden abgegolten?
- Kann Ihre Lebenspartnerin beziehungsweise Ihr Lebenspartner weiterhin beruflich tätig sein? In welcher Übergangsfrist ist es möglich, eine adäquate Anstellung zu finden?
- Stehen Ihnen firmeneigene Telekommunikationseinrichtungen auch für den privaten Gebrauch zur Verfügung?
- Welche Weiterbildungskosten werden übernommen?
- Haben Sie aus Nebentätigkeiten ein zusätzliches Einkommen, das bei Ihrer neuen Stelle wegfallen würde?
- Sind Sie bereit, für Aufstiegs- und Entwicklungsmöglichkeiten in der neuen Firma Abstriche am Anfangsgehalt zu machen?

Auf einen Blick

Im Blick

Gehaltsvorstellungen: Was ist realistisch?

- Bei der Durchsetzung Ihrer Gehaltswünsche kommen Sie mit einer ausgearbeiteten Gesprächstaktik zum Ziel.
- Argumentieren Sie im Vorstellungsgespräch immer mit Brutto-Jahresgehältern.
- Beziehen Sie Weihnachtsgeld, Urlaubsgeld, Prämien und sonstige Sonderleistungen mit in Ihr Brutto-Jahresgehalt ein.
- Verlangen Sie beim Stellenwechsel etwa 20 Prozent mehr Brutto-Jahresgehalt. Sonst vermutet man, dass nicht der Kar-

rieresprung, sondern Probleme am alten Arbeitsplatz hinter Ihrem Bewerbungswunsch stehen.

- Sie setzen Ihre Gehaltsforderungen durch, wenn Sie aus der Sicht der Firma argumentieren: Branchenkenntnisse, sofort einsetzbares Wissen und Spezialkenntnisse rechtfertigen höhere Gehaltsvorstellungen.

- In Aussicht gestellte Gehaltserhöhungen nach dem Ablauf der Probezeit sollten Sie schriftlich fixieren lassen.

- Überlegen Sie sich Argumente für Ihren Gehaltswunsch, die der Personalverantwortliche firmenintern vertreten kann. Machen Sie den Wert Ihrer Arbeitsleistung für die Firma deutlich. Verweisen Sie beispielsweise auf Umsatzsteigerungen, Qualitätsverbesserungen oder besondere Erfahrungen.

12

Mit Körpersprache überzeugen

Ihre Körpersprache wird im Vorstellungsgespräch beobachtet und in Beziehung zu Ihren Antworten gesetzt. In diesem Kapitel erläutern wir Ihnen, welchen Klischees Körpersprache unterliegt und wie Sie dieses Wissen für sich nutzen. Unsere Fotos ermöglichen Ihnen zu erkennen, wann Körpersprache in Vorstellungsgesprächen negative Spannungen aufbaut und wie sich eine entspannte und ergebnisorientierte Atmosphäre herbeiführen lässt.

Ein guter Eindruck durch zielorientiertes Training

Nicht nur was Sie sagen ist von Bedeutung, sondern auch, wie Sie es sagen. Ihre Gestik, Ihre Mimik, die Art, wie Sie stehen oder sitzen – alles dies wird von Personalverantwortlichen registriert und interpretiert. Aber keine Sorge: Durch gründliche Vorbereitung und zielorientiertes Training können Sie den Eindruck, den Sie erwecken, entscheidend mitbestimmen.

Durch körpersprachliche Signale können Sie in Vorstellungsgesprächen drei gravierende Fehlerketten auslösen, die Konsequenzen für den weiteren Gesprächsverlauf haben:

1. Sie stehen sich selbst im Weg.
2. Sie verscherzen sich die Sympathie Ihres Gegenübers.
3. Sie wirken unglaubwürdig.

Sie stehen sich selbst im Weg: Sie können sich durch Ihre eigene Anspannung, die sich körpersprachlich äußert, selbst daran hindern, aktiv an dem Gesprächsverlauf teilzunehmen. Ihre körperliche Anspannung wirkt sich immer auch auf Ihren Zugriff auf Gedächtnisinhalte aus. Sie kennen diese Situation bestimmt aus Prüfungen, in denen Sie das Gefühl hatten, neben sich zu stehen, oder im schlimmsten Fall ein Blackout erlebten.

Blackout durch Verspannung

Verkrampfungen interpretiert nicht nur Ihr Gegenüber als Stresssignal, sondern auch Ihr eigenes Gehirn. Dies führt dazu, dass längst verschüttet geglaubte Urinstinkte Sie in einen Dämmerzustand zwischen Flucht- und Angriffsreaktionen fallen lassen. Analytisches Nachdenken ist in dieser körperlichen Verfassung nur noch schwer möglich.

Ihrem Gesprächspartner signalisieren Sie durch Ihre nach außen sichtbare Anspannung, dass Sie sich in der momentanen Situation unwohl fühlen und am liebsten so schnell wie möglich den Raum wieder verlassen möchten. Natürlich wird Ihr Gegenüber auf diese Signale nicht gerade positiv reagieren. Personalverantwortliche werden hier vermuten, dass Sie sich bei schwierigen Situationen im Arbeitsleben lieber verstecken oder davonlaufen. Und diese Interpretation spricht leider nicht für Sie.

Sie verscherzen sich die Sympathie Ihres Gegenübers: Sie können durch körpersprachliche Signale die Sympathie Ihres Gegenübers wieder verlieren. Dies ist ein schwer wiegender Fehler, da Ihnen entgegengebrachte zwischenmenschliche Sympathie auch immer berufliche Akzeptanz beinhaltet. Man hält Sie für geeignet für die ausgeschriebene Stelle, wenn Sie sich im Vorstellungsgespräch einen Sympathiebonus erarbeiten können.

Sympathie bedeutet auch berufliche Akzeptanz

Die Vorarbeiten für den Sympathiebonus haben Sie schon durch Ihre ausgearbeitete Selbstpräsentation und die Auseinandersetzung mit den Frageblöcken geleistet. Diese hervorragende Vorbereitung hat Ihnen gewiss einen Sympathiebonus eingebracht. Diesen sollten Sie nicht durch Konfrontations-

und aggressive Dominanzgesten leichtfertig verspielen. In dem Moment, in dem Sie im Vorstellungsgespräch Kampfsignale aussenden, verspielen Sie die Bereitschaft Ihrer Gesprächspartner, Ihnen unvoreingenommen zuzuhören. Daneben wird man Ihnen die geforderte Belastungsfähigkeit absprechen.

Sie wirken unglaubwürdig: Die von Ihnen gelieferte Einschätzung, dass Sie die geeignete Bewerberin beziehungsweise der geeignete Bewerber sind, muss im Vorstellungsgespräch glaubhaft wirken. Personalverantwortliche sind geschult und darauf trainiert, bei Bewerbern auf Körpersignale zu achten, die im Widerspruch zu den gesprochenen Ausführungen stehen. Wenn solche Unstimmigkeiten zwischen dem Gesagten und dem körperlichen Ausdruck häufiger auftreten, wird man Ihnen das, was Sie sagen, nicht mehr glauben. Schlimmer noch: Man wird Ihnen in diesem Fall unterstellen, dass nicht der Wunsch nach beruflichem Aufstieg hinter Ihrer Bewerbung steht, sondern einer der in unserer Aufzählung auf Seite 64 genannten »wahren Gründe« für den Stellenwechsel.

Glaubwürdig durch Stimmigkeit

Wir zeigen Ihnen nun in fünf Teilschritten, wie Sie es in Vorstellungsgesprächen vermeiden, diese Fehlerketten auszulösen und welche Körpersprache als Basis für ergebnisorientierte Vorstellungsgespräche geeignet ist. Die fünf Teilschritte dazu lauten:

Fünf Schritte zum Erfolg

1. Anspannung erkennen,
2. Konfrontation vermeiden,
3. Stress- und Verlegenheitsgesten reduzieren,
4. aggressive Dominanzgesten unterlassen,
5. eine entspannte Grundhaltung einnehmen.

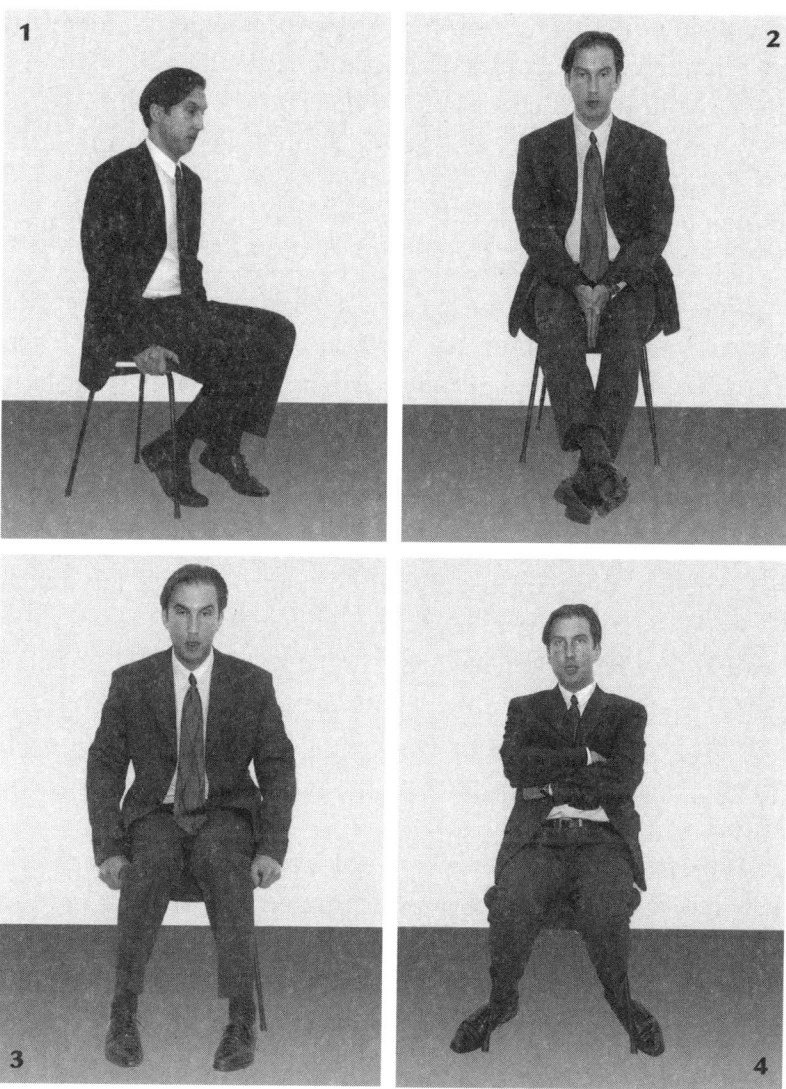

1 Auf der Flucht

2 Im Boden versinken

3 Ich will nach Hause ...

4 Efeuranke

Anspannung erkennen

Betrachten Sie bitte die Fotos 1 bis 4. Sicherlich kennen Sie diese Sitzhaltungen von sich selbst oder anderen. Personalverantwortliche erkennen durch die Sitzhaltungen, die der Bewerber einnimmt, sein Befinden. Auf diesen vier vorgestellten Fotos wird ein sehr angespannter innerer Zustand nach außen sichtbar.

Die Sitzhaltung zeigt das Befinden

Die »Auf-der-Flucht«-Haltung des Fotos 1, die »Im-Boden-versinken«-Haltung des Fotos 2 und die »Ich-will-nach-Hause«-Haltung des Fotos 3 zeigen einen angespannten Bewerber, der sich sichtlich unwohl fühlt. Auffällig auf allen drei Fotos ist der nach innen gerichtete Blick des Bewerbers.

Eine starke Anspannung führt dazu, dass Sie nur noch Ihrem eigenen Unwohlsein nachspüren und auf diese Weise den Kontakt zu Ihrem Gegenüber verlieren. Eine überzeugende Selbstdarstellung ist aber ohne (Augen-)Kontakt nicht möglich.

Sobald sich die resignierte und deprimierte Grundstimmung, die der Bewerber auf den Fotos 1, 2 und 3 vermittelt, auf seinen Gesprächspartner übertragen hat, wird dieser einzelne Gesten heranziehen, die sein negatives Bild vom Bewerber zusätzlich verstärken. Als negative Verstärker wirken auf dem Foto 1 das beidhändige Festhalten am Stuhl und die Beinstellung, auf dem Foto 2 die überkreuzten Beine und die fast schon zur Angriffshaltung zusammengelegten Hände und auf dem Foto 3 die nach innen gestellten Fußspitzen und der nach vorne geneigte Oberkörper.

Die Haltung des Bewerbers auf dem Foto 4 nennen wir »Efeuranke«. Der Bewerber umklammert die Stuhlbeine und umschlingt mit seinen Armen seinen eigenen Oberkörper. Für einen Efeu ist es sicherlich sinnvoll, jeden Halt an einer Hauswand zu nutzen, um den einmal eingenommen Platz nicht wieder aufgeben zu müssen. Im Vorstellungsgespräch ist diese Haltung jedoch sehr ungünstig.

Freiheiten für eine dynamische Körpersprache behalten

Der Bewerber nimmt sich durch diese Körperhaltung selbst die Luft und bringt sich damit um die Gelegenheit, die Darstellung seiner Fähigkeiten und Kenntnisse mit einer dynamischen Körpersprache zu unterstützen. Die Augen des Bewerbers auf Foto 4 halten zwar Blickkontakt zum Gegenüber. Dies geschieht aber in einer Art und Weise, die ungeeignet ist, gemeinsame Ziele herauszuarbeiten. Die Anspannung des Bewerbers geht bereits in die zweite Phase über: die Konfrontation.

Konfrontation vermeiden

Vorstellungsgespräche gehören für die meisten Menschen in die Kategorie Stresssituation. Die Bewältigung von Stresssituationen geschieht durch zwei wesentliche Verhaltensstrategien: Die erste Verhaltensstrategie nennen wir »Einfrieren«, die zweite »Angreifen«.

Auf den Fotos 1 bis 4 erkennt man die Verhaltensstrategie »Einfrieren«. Dieser Bewerber begegnet Stresssituationen, indem er sich regelrecht »einfriert«. Das heißt, er nimmt sich jede Möglichkeit, das Gespräch aktiv zu gestalten.

Das Gespräch aktiv gestalten

Auf den Fotos 5 bis 8 sehen Sie das Gegenteil: Dieser Bewerber greift an und sucht die Konfrontation mit dem Gegenüber. Seine Bewältigung von Stresssituationen ist das »Angreifen«. Die »Mit-mir-nicht«-Haltung des Fotos 5, die »Was-geht-mich-das-an«-Haltung des Fotos 6, die »Jetzt-rede-ich«-Haltung des Fotos 7 und die »Passen-Sie-mal-auf«-Haltung des Fotos 8 sprechen für sich.

Auch bei Konfrontationsgesten gilt, dass wir als Gegenüber – und dies gilt natürlich auch für den Personalverantwortlichen – die Grundstimmung intuitiv erfassen. Um uns nicht allein auf unsere intuitive Wahrnehmung zu verlassen, ziehen wir zur Beurteilung weitere Details heran. Auf dem Foto 5 sind dies die überkreuzten Arme mit den nach oben gestellten Daumen und der arrogant-abschätzige Blick. Der Gesichtsausdruck und die Beinhaltung auf dem Foto 6 vermitteln körpersprachlich, dass dieser Bewerber sich weder im Vorstellungsgespräch noch im beruflichen Alltag als umgänglich erweist. Körpersprachlich eindeutig sind die Fotos 7 und 8. Die nach vorne gebeugte Sitzhaltung und die gestreckten Finger auf dem

Unbewusste Angriffe vermeiden

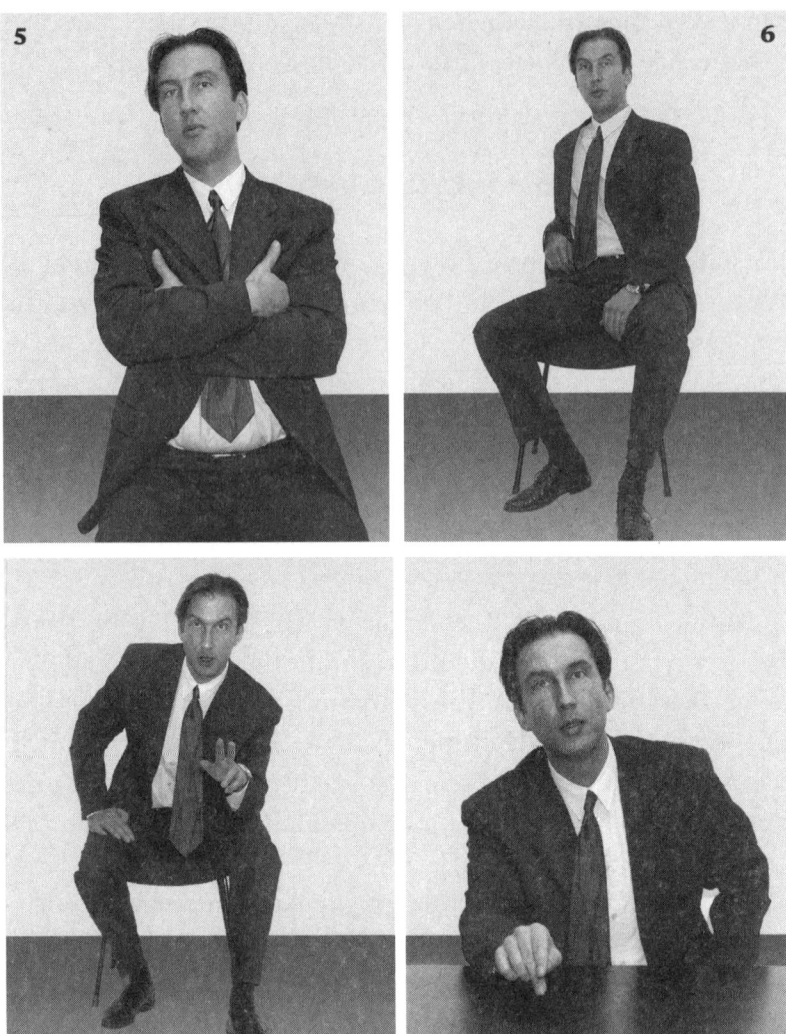

Mit mir nicht **5**

Was geht **6**
mich das an?

Jetzt rede ich! **7**

Passen Sie **8**
mal auf!

Foto 7 und das Klopfen auf die Tischplatte auf dem Foto 8 sind körpersprachliche Signale, die uns allen aus Streitgesprächen vertraut sind. Konfrontation ist aber nicht die Atmosphäre, die in Vorstellungsgesprächen weiterbringt.

Unbewusste Konfrontation

Einer unserer Seminarteilnehmer war ein Regionalleiter im Vertrieb, der zu einem anderen Unternehmen wechseln wollte. In den Übungen zur Selbstpräsentation und zu Fragenkomplexen hatte er dynamisch agiert und seine Erfahrungen aus dem Vertrieb anschaulich eingebracht.

In der Simulation eines Bewerbungsgesprächs setzte er seine Dynamik falsch ein und baute immer wieder Konfrontationshaltungen auf. So beugte er sich ständig über den Tisch, um seinen Ausführungen Nachdruck zu verleihen, klopfte mit den Fingern auf die Tischplatte, um seine Nervosität abzuleiten, und unterbrach Fragen immer wieder mit Gesten, um in die Antwort einzusteigen, bevor die Frage beendet war.

Dieses Verhalten hatte ihn schon bei mehreren Vorstellungsgesprächen scheitern lassen. Eine Video-Analyse machte ihm seine Körpersprache bewusst. Erstaunt stellte er fest, dass seine Selbstwahrnehmung ihm ein ganz anderes Bild vermittelt hatte als das, was er jetzt sah.

Wir übten mit ihm, immer wieder zur entspannten Grundhaltung zurückzukehren, sich weit genug vom Tisch des Personalverantwortlichen wegzusetzen und lebendige Gestik nur zur Unterstreichung eigener Antworten einzusetzen. Dadurch gewann er eine ausgeglichene und souveräne Ausstrahlung und konnte gleichzeitig seine dynamische Wirkung als »Macher« erhalten.

Fazit: Das Bewerbungsgespräch ist eine besondere Situation, die weit entfernt ist von Gesprächen aus dem beruflichen Alltag. Unter Stress und Anspannung kann Lebendigkeit sehr schnell in Konfrontation und Angriff umschlagen.

Stress- und Verlegenheitsgesten reduzieren

Stress- und Verlegenheitsgesten lassen sich immer dann beobachten, wenn im Vorstellungsgespräch heikle Punkte angesprochen werden. Hierzu gehören beispielsweise Fragen nach dem Grund des Stellenwechsels, nach der Einschätzung der eigenen Stärken und Schwächen oder nach den beruflichen Zielen in der Zukunft. Abgesehen von heiklen Themen kommen Stress- und Verlegenheitsgesten auch zum Vorschein, wenn der Bewerber mit Fragen konfrontiert wird, die er für sich vor dem Gespräch noch nicht hinreichend geklärt hat. Dies gilt beispielsweise für Fragen nach dem zukünftigen Gehalt oder für Fragen zu einem eventuellen Ortswechsel. Schon allein deshalb ist es für Sie so wichtig, sich intensiv auf das Vorstellungsgespräch vorzubereiten.

Entspannung durch intensive Vorbereitung

Typische Stress- und Verlegenheitsgesten haben wir auf den Fotos 9, 10, 11 und 12 für Sie zusammengestellt.

Auf dem Foto 9 ist eine »Die-Schlinge-zieht-sich-zu«-Haltung zu beobachten. Der ausweichende Blick zur Seite und das Lockern beziehungsweise Hin- und Herziehen des Krawattenknotens zeigen deutlich, dass sich der Bewerber unwohl fühlt.

Die »Uups!-(Ist-mir-was-rausgerutscht?)«-Haltung, die wir Ihnen auf dem Foto 10 zeigen, haben Sie sicherlich selbst schon gesehen. Bewerber, die Informationsgrenzen – beispielsweise über ihren derzeitigen Arbeitgeber – vor dem Vorstellungsgespräch nicht fest genug abgesteckt haben, lassen sich durch gezielte Fangfragen gelegentlich mehr entlocken, als ihnen lieb ist. Dies wird dann auch im körpersprachlichen Ausdruck sichtbar. Die Finger gehen zum Mund, wie um ihn zu verschließen und bestimmte Worte nicht herauszulassen. Meistens ist es dann allerdings schon zu spät.

Mit Fangfragen rechnen!

Ein weiteres klassisches Beispiel der Stress- und Verlegenheitsgesten ist die »Durchgeknetetes-Ohrläppchen«-Haltung,

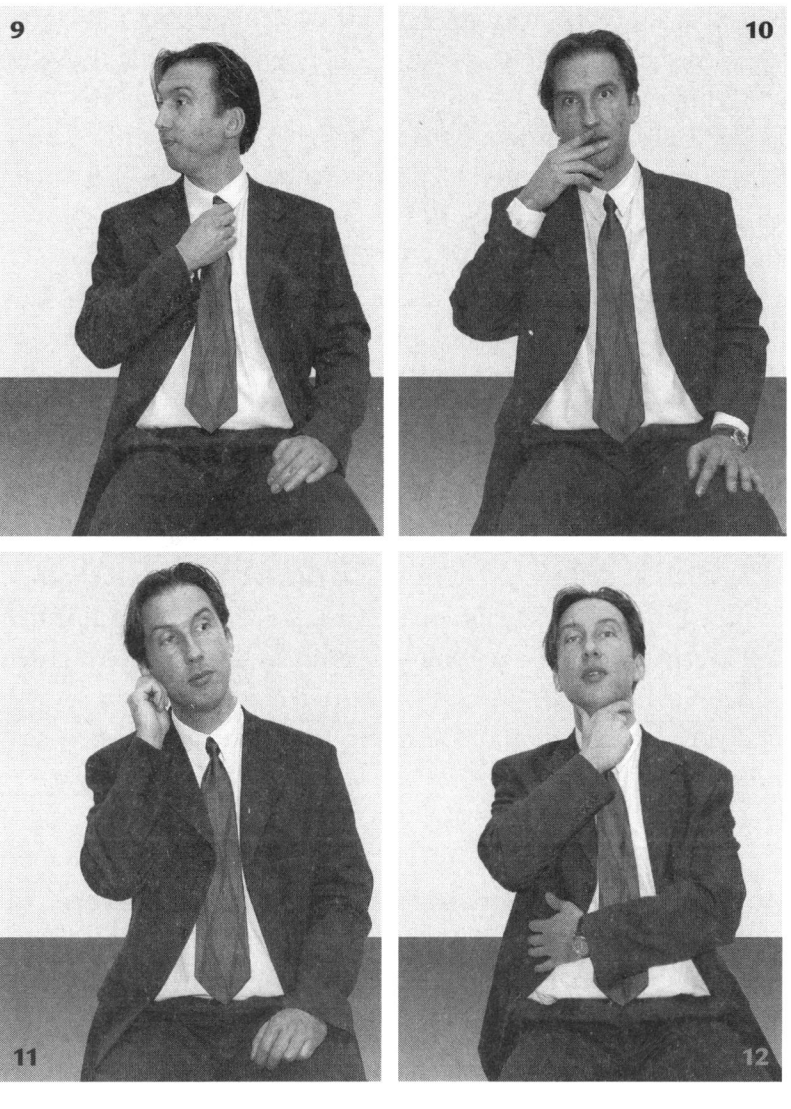

9 Die Schlinge zieht sich zu

10 Uups! Ist mir was rausgerutscht?

11 Durch-geknetetes Ohrläppchen

12 Die Luft wird knapp

die Sie auf dem Foto 11 sehen. Diese Haltung wird oft einge-nommen, wenn es darum geht, Zeit zu gewinnen, weil ein Vor-schlag des Gegenübers im inneren Monolog auf mögliche Vor- und Nachteile hin überprüft wird. In diesem Zusammenhang ist oft auch eine leicht gewölbte Unterlippe zu sehen. Manche

Bewerber fahren sich zusätzlich mit der Zunge über die Unterlippe oder berühren leicht mit den Zähnen des Oberkiefers ihre Unterlippe.

Die Haltung auf dem Foto 12 heißt »Die Luft wird knapp«. Der Griff mit der rechten Hand an den Hals und die den Bauch schützende Haltung des linken Armes zeigen, dass dieser Bewerber im Moment keinen Ausweg für sich sieht. Hier ist Vorsicht angebracht: Ein Mensch, dem die Luft knapp wird und der sich in die Enge getrieben fühlt, kann unberechenbar reagieren.

Sie reduzieren Stress- und Verlegenheitsgesten, indem Sie durch eine gründliche Vorbereitung mögliche Stressfragen und -situationen trainieren. »Festhalten« können Sie sich an Ihrer ausgearbeiteten schlüssigen Selbstpräsentation, wie wir es Ihnen im Kapitel »Warum sollten wir gerade Sie einstellen? Ihre Selbstpräsentation« erläutert haben. Sicherheit gibt Ihnen auch die intensive Auseinandersetzung mit den Fragen, die im Vorstellungsgespräch an Sie gerichtet werden (sehen Sie hierzu die Kapitel »Auf diese Fragen müssen Sie sich einstellen« und »Die 100 häufigsten Fragen und die besten Antworten«).

Sicherheit durch Ihre Selbstpräsentation

Aggressive Dominanzgesten unterlassen

Anspannungs-, Stress- und Verlegenheitsgesten wird man Bewerbern im Vorstellungsgespräch eher nachsehen. Besonders dann, wenn diese körpersprachlichen Signale nur zu Anfang des Gesprächs auftreten und nicht als durchgängiges Verhaltensmuster zu erkennen sind. Benutzen Bewerber dagegen Konfrontations- und aggressive Dominanzgesten, kann die Gesprächsatmosphäre schon durch wenige körpersprachliche Signale nachhaltig belastet werden.

Unsicherheit am Anfang gehört dazu

Die Fotos 13 bis 16 zeigen Ihnen körpersprachliche Zeichen, die sich immer dann in Gesprächen beobachten lassen, wenn

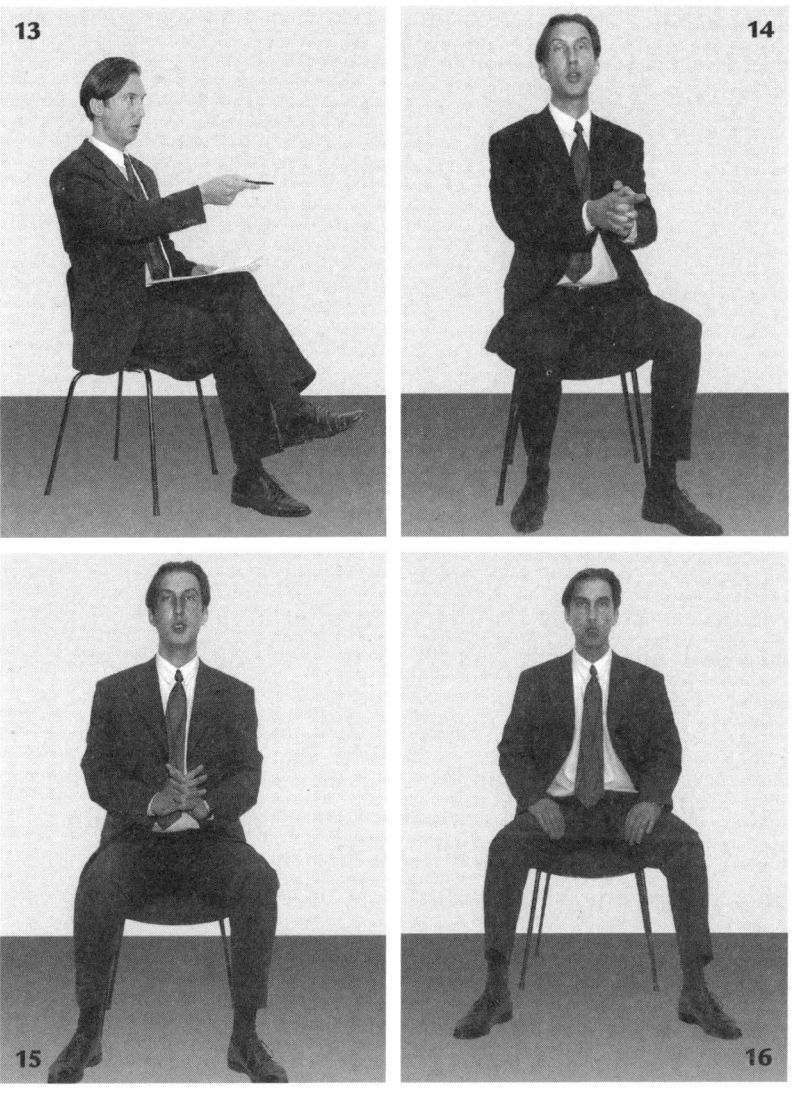

13 Dolchstoß
14 Pistole
15 Spanischer Reiter
16 Pavian

ein schwerwiegender Konflikt zwischen den Gesprächsteilnehmern kurz bevorsteht oder bereits offen zum Ausbruch gekommen ist.

Die »Dolchstoß«-Haltung, die Sie auf dem Foto 13 sehen, zeigt einen Bewerber, der sein Gegenüber mit dem in der Hand gehaltenen Stift förmlich aufspießt. Der gestreckte Arm, der den Stift hält, schafft zusätzliche Distanz.

Auf dem Foto 14 sehen Sie eine Geste, die wir oft in unseren Bewerbungsseminaren erleben können: die »Pistolen«-Haltung. So deutlich wie auf diesem Foto ist die »Pistolen«-Haltung selten zu sehen, weil in der Regel ein Tisch den direkten Blickkontakt auf die Hände des unter Druck gesetzten Bewerbers versperrt. Die körpersprachliche Aussage »Ich schieß dich ab!« bringt jedoch immer eine aggressive Grundstimmung ins Gespräch.

Vermeiden Sie eine aggressive Grundstimmung

Der Name »Spanischer Reiter« für die Haltung, die auf dem Foto 15 abgebildet ist, kommt nicht umsonst aus der Militärsprache vergangener Zeiten: Die angreifende Kavallerie des Gegners sollte durch zusammengenagelte Holzkreuze zu Fall gebracht werden. Auch als körpersprachliches Signal wird diese Haltung dahingehend interpretiert, dass ein Angriff auf nicht besonders elegante Weise abgewehrt werden soll.

Auf dem Foto 16 sehen Sie die »Pavian«-Haltung, die auch mit »Ich bin der Chef auf dem Affenfelsen« umschrieben wird. Diese Haltung trübt durch die körpersprachlich vermittelte Überheblichkeit des Bewerbers nachhaltig die Gesprächsatmosphäre. Besonders bei weiblichen Personalverantwortlichen führt sie recht schnell zur Ablehnung des Bewerbers.

Achten Sie auch darauf, sich im Vorstellungsgespräch nicht zu nahe zum Personalverantwortlichen zu setzen. Dieser bekommt sonst leicht den Eindruck, Sie wollten ihm zu nah »auf die Pelle« rücken. Das löst Abwehr und Aggressionen aus. Halten Sie etwa eine Unterarmlänge Abstand. Legen Sie auch nichts auf dem Tisch Ihres Gesprächspartners ab. Dies wird als »Revierverletzung« empfunden und wirkt wie ein Angriff.

Halten Sie genügend Abstand

Aggressive Dominanzgesten sollten Sie unbedingt unterlassen. Sie fordern sonst Ihre Gesprächspartner heraus, im Gegenzug Sie als Bewerber »auf die Hörner zu nehmen«. Sollten Sie sich in einem Vorstellungsgespräch tatsächlich angegriffen fühlen, heißt es, Ruhe zu bewahren. Oft handelt es sich nur um einen Stresstest, mit dem man feststellen will, wie belastungsfähig Sie unter Druck sind. Lassen Sie sich nicht durch Provokationen vorschnell aus der Ruhe bringen. Die endgültige Entscheidung, ob Sie bei einem neuen Arbeitgeber anfangen oder nicht, liegt in jedem Fall bei Ihnen und sollte von Ihnen nicht im Gespräch selbst, sondern in aller Ruhe zu Hause getroffen werden.

Eine entspannte Grundhaltung einnehmen

Mit den möglichen Fehlerketten, die Sie durch falsche körpersprachliche Signale auslösen können, haben wir Sie vertraut gemacht. Sie sind darüber hinaus jetzt in der Lage zu erkennen, wie sich Anspannung, Konfrontation, Stress und Aggression im Vorstellungsgespräch in der Körpersprache äußern können. Jetzt erfahren Sie, wie Sie körpersprachliche Spannungen im Gespräch vermeiden und auflösen.

So lösen Sie Spannungen im Gespräch auf

Auf den Fotos 17, 18, 19 und 20 sehen Sie einen Bewerber, der verschiedene entspannte Grundhaltungen eingenommen hat. Gemeinsam ist den entspannten Grundhaltungen, dass der Bewerber die Hände frei behält, um seine verbalen Ausführungen jederzeit nonverbal unterstreichen zu können. Achten Sie darauf, dass Ihre Hände in Vorstellungsgesprächen ebenfalls frei bleiben. Wer die Hände ineinander verschränkt, sich an Papier festklammert oder nervös mit Stiften, Ohrschmuck oder Ringen herumspielt, bringt erst sich selbst und dann seinen Gesprächspartner aus dem Konzept.

Die Grundhaltung auf dem Foto 17 nennen wir »Neunzig-Grad-Winkel«. Der Bewerber sitzt aufrecht und aufmerksam, die Beine sind leicht geöffnet. Diese Haltung hat den Vorteil,

Neunzig- **17**
Grad-Winkel

Offene **18**
Grundhaltung

Dynamische **19**
Grundhaltung

Entspannte **20**
Grundhaltung

dass sie keine Verspannungen hervorruft und darum die Konzentration nicht beeinträchtigt.

Auf dem Foto 18 sehen Sie die »offene Grundhaltung«. Auch in dieser Haltung ist der Bewerber in der Lage, dem Geschehen im Vorstellungsgespräch optimal zu folgen. Der offene Blick, die Möglichkeit, Spiel- und Standbein gelegentlich zu wechseln, und die locker auf den Oberschenkel aufgelegten Hände lassen den Bewerber wachsam und interessiert erscheinen.

Wechselt der Bewerber von der Rolle des Zuhörers in die des Sprechers, geht die »offene Grundhaltung« häufig in die »dynamische Grundhaltung« über, die Sie auf dem Foto 19 sehen. Der Bewerber ist mit seinem Oberkörper ganz leicht nach vorne gerückt und unterstreicht seine Worte mit Bewegungen der Hände.

Offene Haltung und offener Blick

Die »entspannte Grundhaltung« auf dem Foto 20 zeigt einen zuhörenden Bewerber, der sich seiner Stärken bewusst ist. Die leicht übereinander gelegten Beine des Bewerbers behindern ihn nicht. Trainieren Sie immer wieder diese Haltung. Versuchen Sie, in Ihren Vorstellungsgesprächen diese entspannte Grundhaltung einzunehmen. Insbesondere in Momenten, in denen Sie körpersprachliche Verspannungen spüren, die Ihren Gesprächspartner irritieren könnten.

Wenn Sie mehrere Gesprächspartner vorfinden, sollten Sie darauf achten, dass Sie von Ihrem Platz aus alle Personen im Blick haben. Richten Sie Ihre Sitzhaltung darauf aus. Vermeiden Sie es, nur eine Person anzuschauen, sondern beziehen Sie durch wechselnden Blickkontakt alle Anwesenden mit ein.

Beziehen Sie alle Gesprächsteilnehmer mit ein

Sie sind auf Vorstellungsgespräche optimal vorbereitet, wenn Sie zuerst ausarbeiten, was Sie Ihrem potenziellen Arbeitgeber inhaltlich vermitteln möchten. Anschließend trainieren Sie, diese Ausführungen glaubwürdig durch eine angemessene Körpersprache zu vermitteln. Machen Sie dazu auch unsere nachfolgende Übung. Lassen Sie sich zur Vorbereitung die Fragen aus den Kapiteln »Die 100 häufigsten Fragen und die besten Antworten« und »Auf diese Fragen sollten Sie sich einstellen« von einem Freund oder Bekannten stellen und nehmen Sie sich dabei mit einer Videokamera auf. Nach zwei bis drei Durchgängen werden Sie feststellen, dass Sie die Stresssituation Vorstellungsgespräch inhaltlich und körpersprachlich in den Griff bekommen können.

Körpersprache im Griff

Übung

In dieser Übung warten zwei Trainingsziele auf Sie. Zuerst werden Sie mit uns üben, in Vorstellungsgesprächen immer wieder zur entspannten Grundhaltung zurückzukehren. Das zweite Trainingsziel besteht darin, Ihre bevorzugten Stress- und Verlegenheitsgesten herauszufinden und sie schließlich zu reduzieren oder ganz zu vermeiden.

Erstes Trainingsziel: *entspannte Grundhaltung.* Setzen Sie sich auf einen Stuhl an einen Tisch und nehmen Sie die Neunzig-Grad-Winkel-Haltung ein (Foto 17). Bleiben Sie einen Moment in dieser Haltung und verändern Sie dann Ihre Sitzposition, bis Sie Ihre bevorzugte entspannte Grundhaltung finden. Das kann die offene Grundhaltung (Foto 18) sein oder die dynamische Grundhaltung mit etwas vorgebeugtem Oberkörper (Foto 19). Vielleicht entscheiden Sie sich aber auch für die entspannte Grundhaltung (Foto 20). Bei Letzterer müssen Sie trainieren, das übergeschlagene Bein von Zeit zu Zeit zu wechseln und ab und zu beide Füße auf den Boden zu setzen, sonst schlafen Ihre Beine ein.

Wenn Sie Ihre Lieblingsposition gefunden haben, sollten Sie üben, aus verspannten Haltungen immer wieder in diese Grundposition zurückzukehren. Dazu nehmen Sie die sechs folgenden Verspannungshaltungen ein und lösen diese anschließend wieder in Ihre Lieblingsposition auf.

1. Auf-der-Flucht-Haltung (Foto 1)
2. Im-Boden-versinken-Haltung (Foto 2)
3. Efeuranken-Haltung (Foto 3)
4. Ich-will-nach-Hause-Haltung (Foto 4)
5. Breitbeinig-hinsetzen-Haltung
6. Vom-Stuhl-rutschen-Haltung, das heißt, der Hintern rutscht auf der Stuhlfläche nach vorne.

Zweites Trainingsziel: *Stressgesten vermeiden.* Für diese Trainingseinheit brauchen Sie eine Videokamera. Lassen Sie sich von Freunden oder Bekannten Fragen aus dem Block Stressfragen und Fragen zu problematischen Bewerbungen stellen. Diese Situation wird per Video aufgezeichnet. Identifizieren Sie bei der Videoauswertung Ihre typischen Stressgesten und üben Sie, diese dadurch aufzulösen, dass Sie Ihre Handflächen auf die Oberschenkel legen, so wie Sie es auf den Fotos zu den Grundhaltungen sehen (Fotos 17, 18, 20).

Auf einen Blick
Mit Körpersprache überzeugen

Im Blick

- Es gibt keine allgemein gültigen körpersprachlichen Regeln, dennoch wird die Wirkung Ihrer Worte von Ihrer Körpersprache beeinflusst. Körpersprache kann in Vorstellungsgesprächen Ihre Glaubwürdigkeit beeinträchtigen und zu einer angespannten Atmosphäre führen. Sie kann aber auch dazu beitragen, Übereinstimmung herbeizuführen.
- Anspannung ist Stress. Anspannung verunsichert erst Sie selbst und dann Ihr Gegenüber. Die angespannte Stresssituation kann bis zu einem Blackout führen.

- Konfrontations- und Dominanzgesten werden von Personalverantwortlichen als Kampfsignale verstanden. Die Gesprächsinhalte treten dadurch in den Hintergrund. Es geht nicht mehr um Ihre Fähigkeiten und Kenntnisse, sondern nur noch darum, wer sich durchsetzt.
- Stress- und Verlegenheitsgesten signalisieren dem Personalverantwortlichen, dass der Bewerber sich seiner Sache selbst nicht sicher ist. Erkennt man wunde Punkte bei Ihnen, werden Personalverantwortliche die Gelegenheit nutzen, um Sie unter Druck zu setzen.
- Trainieren Sie, in Gesprächen eine entspannte Grundhaltung einzunehmen. Behindern Sie sich nicht selbst: Achten Sie darauf, dass Ihre Hände frei bleiben, dass Sie aufrecht sitzen und dass Ihre Beine im rechten Winkel auf dem Boden stehen.
- Setzen Sie sich im Vorstellungsgespräch nicht zu nahe an den Tisch des Personalverantwortlichen und legen Sie nichts darauf ab. Halten Sie etwa eine Unterarmlänge Abstand.
- Treffen Sie im Vorstellungsgespräch auf mehrere Gesprächspartner, sollten Sie darauf achten, dass Sie Ihre Sitzhaltung so ausrichten, dass Sie alle Personen in Ihrem Blickfeld haben. Vermeiden Sie es, sich nur auf eine Person zu konzentrieren, sondern schauen Sie beim Antworten abwechselnd alle Anwesenden an.

13

Problematische Bewerbungen

Für so genannte problematische Bewerbungen gelten im Vorstellungsgespräch zusätzliche Anforderungen, die oft unausgesprochen bleiben. Diese Anforderungen müssen berücksichtigt werden, wenn sich diese Bewerber im Gespräch durchsetzen wollen. In diesem Kapitel erläutern wir, wie sich Vorurteile entkräften lassen.

Kein Mensch hat eine geradlinig verlaufende berufliche Erfolgsstory vorzuweisen. Jeder muss Brüche erklären oder umbenennen. Bei manchen Bewerbern sind diese Brüche jedoch deutlich größer. Deren Bewerbungen nennt man problematische Bewerbungen. Personalverantwortliche unterteilen sie in folgende Gruppen:

Brüche gehören dazu

- Arbeitslose (Bewerber, deren letztes Arbeitsverhältnis mehr als sechs Monate zurückliegt)
- Wiedereinsteiger (z.B. Frauen nach der Kinderpause oder Bewerber, die eine Fort- und Weiterbildungsmaßnahme durchlaufen haben)
- 40-plus-Bewerber (Bewerber, die älter als 40 Jahre sind)
- Dauerwechsler (Bewerber, die in fünf Jahren mehr als drei Arbeitgeber hatten)

Für alle diese Bewerber gilt, dass sie – vorausgesetzt, sie verfügen über die vom neuen Arbeitgeber verlangten fachlichen Kenntnisse und persönlichen Fähigkeiten – prinzipiell die gleichen Chancen wie andere Bewerber haben. Allerdings wird man ihnen im Vorstellungsgespräch spezielle Fragen stellen, um ihre Leistungsbereitschaft und die Motivation ihrer Bewerbung genauer zu hinterfragen.

Optimieren Sie Ihr Antwortverhalten. Kontrollieren Sie Ihre Kommunikation auf Abschweifungen und überlange Antworten. Trainieren Sie, gegebenenfalls kürzer und knapper zu antworten, wecken Sie dabei aber das Interesse des Gesprächspartners durch konkrete Belege für die von Ihnen verlangten fachlichen Kenntnisse und persönlichen Fähigkeiten. So kann die andere Seite Ihre Kompetenzen erkennen und hat die Möglichkeit, gezielt nachzufragen.

Optimieren Sie Ihr Antwortverhalten

Entkräften Sie Vorurteile

Seien Sie ehrlich: Würden Sie jemanden einstellen, der

- zum Stillstand gekommen ist,
- sich nicht mehr weiterentwickelt,
- frustriert ist und innerlich gekündigt hat,
- Erfolgserlebnisse im Freizeitbereich sucht,
- keine Ziele mehr hat?

Wir erleben in unserer Beratungspraxis immer wieder, dass viele dieser Bewerber ganz unabsichtlich im Vorstellungsgespräch diesen Eindruck erwecken. Dieser negative Eindruck entsteht durch ein Zusammenwirken von ungeschickten Formulierungen des Bewerbers und von Vorurteilen der Personalverantwortlichen.

Stellen Sie Ihre Motivation und Ihre Leistungsfähigkeit heraus

Wichtig für Personalverantwortliche ist es, Ihre Leistungsfähigkeit und Ihre Arbeitsmotivation festzustellen. Bei der Einschätzung dieser beiden Punkte treffen Sie natürlich auf gewisse Vorurteile Ihnen gegenüber. Sehen Sie die Situation Vorstellungsgespräch einmal aus der Sicht derjenigen, die Sie beurteilen wollen:

- »Ist er in seinem bisherigen Arbeitsumfeld kalt gestellt worden?«
- »Kann sie sich an den neuen Kollegenkreis gewöhnen?«
- »Ist er vom langen Berufsleben ausgebrannt?«
- »Bringt sie noch die Leistung, die ich von einer Jüngeren erwarten kann?«
- »Gehen mit zunehmendem Alter auch zunehmende Fehlzeiten einher?«
- »Kaufe ich einen theorieblinden Praktiker ein?«
- »Wechselt sie, um eine neue Herausforderung zu suchen oder weil sie mit den Anforderungen ihrer bisherigen Stelle nicht mehr zurechtkommt?«

Sie müssen damit leben, dass Personalverantwortliche Ihnen gegenüber bestimmte Vorurteile hegen. Durch eine gute inhaltliche Ausgestaltung Ihrer Selbstpräsentation entkräften Sie jedoch Fehleinschätzungen zu Ihrer Person. Rechnen Sie damit, dass man Sie im Bewerbungsgespräch mit tiefergehenden Fragen zu den problematisch erscheinenden Abschnitten in Ihrem Berufsweg konfrontiert. Vergessen Sie nicht, dass auch hier die Zielrichtung ist, zu überprüfen, wie stressresistent Sie sind und inwieweit Sie sich mit sich selbst auseinander gesetzt haben.

Zeigen Sie sich aktiv!

Für problematische Bewerbungen gilt noch mehr als für andere: Die aktive Einflussnahme des Bewerbers auf seine berufliche und persönliche Entwicklung muss herausgestellt werden. Um zu überzeugen, müssen Sie Ihre berufliche Weiterentwicklung in den Vordergrund stellen, beispielsweise durch die Übernahme neuer Verantwortungsbereiche, neuer Aufgaben, die Leitung von Projekten, ehrenamtliches Engagement und berufliche Erfolge. Formulieren Sie so, dass erkennbar wird, dass Sie Ihrer beruflichen Entwicklung immer wieder neue Impulse gegeben haben. Verdeutlichen Sie, wie Sie sich ständig neue Ziele gesetzt haben und durch welche Maßnahmen Sie diese Ziele erreicht haben.

Individualität überzeugt

Verschwommene Aussagen wie »Ich wollte schon immer mal was anderes machen« oder »Das kann doch noch nicht alles gewesen sein« sind keine tragfähige Basis, um Personalverant-

Formulieren Sie wortliche von sich zu überzeugen. Vorsicht auch mit Brüchen
zielorientiert in Ihrer Karriere oder nicht begründeten Stellenwechseln. Wie Sie einen holprigen Lebensweg glätten und Ihre berufliche Entwicklung zielgerichtet darstellen, können Sie im Kapitel »Gute Gründe für den Stellenwechsel« nachlesen.

Das Vorstellungsgespräch bei problematischen Bewerbungen

Wir wissen aus unserer Beratungstätigkeit, dass problematische Bewerbungen kein Hindernis sind, wenn es um fachliche und persönliche Anforderungen des Unternehmens geht. Problematisch ist meistens die Darstellung der Fähigkeiten im Vorstellungsgespräch. Die ungeschickte Präsentation des Bewerbers und die Vorurteile von Personalverantwortlichen führen dazu, dass im Vorstellungsgespräch oft einfach aneinander vorbeigeredet wird. Machen Sie es besser, indem Sie unsere folgenden Hinweise berücksichtigen.

Überzeugen Sie durch eine optimale Selbstpräsentation im Vorstellungsgespräch: Ihr Marketing in eigener Sache gilt als Arbeitsprobe. Sie zeigen durch eine gut aufbereitete Präsentation, dass Sie ein Mensch sind, der bei neuen Herausforderungen geistig »am Ball bleibt«.

Überzeugen Sie durch optimale Selbstpräsentation

Nichts differiert mehr als die Anforderungen, die unter der gleichen Berufsbezeichnung an Sie gestellt werden. Berufsbezeichnungen haben oft reine Etikettierungsfunktionen. Argumentieren Sie inhaltlich und nicht formal. Wichtiger als die Namen der Positionen, die Sie früher bekleidet haben, sind die Tätigkeitsinhalte.

Die PR-Assistentin nach der Erziehungszeit

Eine Wiedereinsteigerin verpasst im Vorstellungsgespräch die Chance, Personalverantwortliche für sich einzunehmen, wenn Sie auf die Frage »Was reizt Sie an der ausgeschriebenen Position?« antwortet: »Ich war ja schon einmal PR-Assistentin. Dann kamen die Kinder, und ich musste aufhören. Jetzt kann ich wieder anfangen, aber ich muss mich erst einmal orientieren.«

Als Antwort wäre besser geeignet: »Die Zusammenarbeit mit Agenturen ist mir vertraut. Wie man Unternehmenspolitik so aufbereitet, dass eine positive Resonanz in der Presse entsteht, weiß ich aus meiner beruflichen Erfahrung. Das Internet bietet zusätzliche Möglichkeiten der Unternehmensdarstellung. Diese Möglichkeiten möchte ich für Sie nutzen.«

Zeigen Sie im Vorstellungsgespräch anhand konkreter Beispiele, dass Sie ein Mensch sind, der sowohl bei der eigenen beruflichen Entwicklung als auch bei Aufgabenstellungen am Arbeitsplatz von sich aus aktiv wird. Machen Sie Ihre bisherige Entwicklung deutlich. Stellen Sie dar, welche Ziele Sie sich gesetzt haben, und verdeutlichen Sie, mit welchen Maßnahmen, beispielsweise Weiterbildungen, Sie diese Ziele erreicht haben.

Der arbeitslose Energietechniker

An einen arbeitslosen Energietechniker, der für einen Energiekonzern im Außendienst tätig werden wollte, wurde diese Frage gestellt: »Glauben Sie, dass Sie noch den Anschluss an aktuelle Entwicklungen in Ihrem Berufsfeld finden?« Seine Antwort überzeugte nicht: »Mit vierzig gehört man ja heute schon zum alten Eisen. Dabei haben wir Älteren doch auch unsere Vorzüge. Wenn die Entwicklung auch weitergegangen ist, bin ich doch immer noch ein Mann aus der Praxis.«

Er hätte seine Qualifikationen konkreter darstellen müssen, etwa so: »Nachdem ich einige Zeit als Energietechniker gearbeitet habe, wollte ich mehr Beratung direkt beim Kunden leisten. Ich habe dann eine Stelle im Außendienst gesucht. Um Kunden umfassend beraten zu können, habe ich eine kaufmännische Weiterbildung gemacht. Die Liberalisierung des Strommarktes ist für mich eine gute Gelegenheit, meine kaufmännischen Kenntnisse und meine Erfahrungen als Energietechniker in der Beratung von Stromkunden einzusetzen.«

Zeigen Sie auf, dass Ihre persönlichen Fähigkeiten Ihnen bei der Bearbeitung fachlicher Aufgaben geholfen haben. Stellen Sie Ihre persönlichen Stärken genauso heraus wie Ihre fachlichen Kenntnisse. Machen Sie deutlich, dass Sie bisher erfolgreich gearbeitet haben und dies auch in Zukunft tun werden.

Die häufig wechselnde Pharmareferentin

Eine Bewerberin, die in relativ kurzer Zeit viermal den Arbeitgeber gewechselt hatte, wurde mit der Frage konfrontiert: »Warum haben Sie so oft den Arbeitsplatz gewechselt?« Bei der Antwort stellte sie jedoch nur ihre Berufsbezeichnung in den Vordergrund: »Als staatlich geprüfte Pharmareferentin konnte ich mir meine Arbeitgeber aussuchen. Es war für mich nicht so wichtig, für wen ich gerade tätig war.«

Um ihre persönlichen Stärken zu verdeutlichen, hätte sie besser so geantwortet: »Meine Stärke ist, dass ich mich immer schnell in die neue Produktpalette einarbeiten kann. Auch zu meinen Kunden habe ich schnell einen guten Draht entwickelt, so konnte ich erfolgreich für meine Arbeitgeber tätig sein. Ich habe mich nie auf einer Position ausgeruht, für mich war es immer wichtig, Verkaufserfolge zu erzielen.«

Je mehr berufliche Erfahrung Sie gesammelt haben, desto präziser müssen Sie Ihre Bewerbung aufbereiten. Die zentrale Frage »Was haben Ihre bisherigen beruflichen Erfahrungen mit der ausgeschriebenen Position zu tun?« muss von Ihnen schlüssig beantwortet werden.

Präzisieren Sie Ihre Erfahrungen

Der 40-plus-Außendienstmitarbeiter

Ein 48-jähriger Außendienstmitarbeiter, der schon für viele Firmen tätig gewesen ist, bewirbt sich bei einem Werbemittelversand. Die Frage: »Wie wollen Sie Ihre Erfahrungen für uns einsetzen?« beantwortet er leider so: »Ich bin ja viel rumgekommen und habe schon in viele Branchen reingerochen. Vertrieb ist Vertrieb, das kann man, oder man kann es nicht. Mir kann man nichts mehr vormachen, geben Sie mir ein Produkt, ich verkaufe es.«

Um seine bisherige Berufserfahrung für die neue Stelle gezielt aufzubereiten, hätte er besser so formuliert: »Bei meinen bisherigen Tätigkeiten im Vertrieb gehörten Werbemittel für mich zum täglichen Handwerkszeug. Beim Einsatz von Werbemitteln muss man die Gegebenheiten beim Kunden im Blick haben, damit der optimale Werbeeffekt entsteht. Diese Erfahrung würde ich gerne Ihren Kunden vermitteln und so Ihre Produkte verkaufen.«

Beispiel

Sie sehen an unseren Beispielen, dass eine gut vorbereitete und auf den Punkt gebrachte Selbstpräsentation der beste Weg ist, um bestehende Vorurteile bei Personalverantwortlichen auszuräumen. Sie brauchen konkrete Belege für bisherige berufliche Erfolge, und Sie müssen in der Lage sein, Ihre Berufserfahrung auf die neue Stelle zuzuschneiden.

Ein Hauptfehler bei vielen Bewerbern ist immer wieder, dass sie vorwiegend negative Erlebnisse thematisieren. Aufgrund der Brüche in der beruflichen Entwicklung ist dies zwar verständlich, bringt Sie aber dem Ziel, einen neuen Arbeitsvertrag angeboten zu bekommen, auf keinen Fall näher. Damit bei Personalverantwortlichen im Bewerbungsgespräch keine Warnlampen aufblinken und Vorurteile hochgespült werden, müssen Sie – ganz besonders bei problematischen Bewerbungen – Selbstanklagen, Schuldzuweisungen an andere und eine Vergangenheitsfixierung unbedingt vermeiden.

Sicherheit durch Ihre Selbstpräsentation

Wir wissen aus unserer Beratungstätigkeit, dass es auch für Personen mit einer problematischen Bewerbung möglich ist, einen zupackenden erfolgsorientierten Präsentationsstil zu entwickeln. Denn trotz der »Problematik« gibt es auch Erfolge herauszustellen, und persönliche Fähigkeiten können auch hier in den Vordergrund gehoben werden. Wenn sich dies alles noch mit einer neu gewonnenen Aufbruchsstimmung verbindet, haben Sie gute Chancen, die Vorurteile der Personalverantwortlichen auszuräumen. Wie Sie Sympathie erzeugen und sich erfolgreich in Szene setzen, wissen Sie schon aus dem Kapitel »Warum sollten wir gerade Sie einstellen? Ihre Selbstpräsentation«.

Ein erfolgreicher Präsentationsstil lässt sich trainieren

Vermeiden Sie negative Signalwirkungen durch zu lange und zu tiefschürfende Begründungsversuche für Ihr »Handicap«. Der Blick in die Vergangenheit, verbunden mit einer ausführlichen Erläuterung der Gründe der Arbeitslosigkeit, der Kinderpause oder der häufigen Stellenwechsel, führt im Vorstellungsgespräch nicht zum Ziel. Positive Formulierungen zeigen, dass

Sie fest mit beiden Beinen im Berufsleben stehen und erfolgs-
orientiert sind.

Fragen bei problematischen Bewerbungen

Übung

Beantworten Sie die zu Ihrer momentanen Situation pas-
senden Fragen. Gehen Sie nicht auf Unterstellungen ein.
Verzichten Sie auf die Darstellung von Problemen, Konflikten und Fehlentwicklungen. Stellen Sie Ihre Stärken heraus, benennen Sie konkrete berufliche Erfolge. Beziehen
Sie sich in Ihren Antworten auf die Anforderungen der ausgeschriebenen Stelle.

Fragen an Arbeitslose

»Bedeutet diese Stelle nicht einen Abstieg für Sie?«
Ihre Antwort: . . . .
. . . .
. . . .

»Haben Sie schon einmal über Ihre Erfolge und Misserfolge nachgedacht? Nennen Sie uns jeweils drei Beispiele!«
Ihre Antwort: . . . .
. . . .
. . . .

»Würden Sie sich selber einstellen?«
Ihre Antwort: . . . .
. . . .
. . . .

»Sind Sie nicht überqualifiziert für diese Position?«
Ihre Antwort: . . . .
. . . .
. . . .

»Was tun Sie, wenn Sie diese Stelle nicht bekommen?«
Ihre Antwort: . . . .
. . . .
. . . .

»Was würden Sie anders machen, wenn Sie noch einmal
die Möglichkeit hätten, von vorne anzufangen?«
Ihre Antwort: . . . .
. . . .
. . . .

»Werden Sie sich noch einmal beruflich umorientieren?«
Ihre Antwort: . . . .
. . . .
. . . .

Fragen an Wiedereinsteiger: Mütter

»Wie wollen Sie Ihre Arbeit bei uns erledigen, wenn Ihr
Kind krank wird?«
Ihre Antwort: . . . .
. . . .
. . . .

»Glauben Sie nicht, dass Sie den Anschluss ans Berufsleben verpasst haben?«
Ihre Antwort: . . . .
. . . .

»Welche spezielle Unterstützung brauchen Sie in der Einarbeitungsphase?«
Ihre Antwort: . . . .
. . . .
. . . .

Fragen an Wiedereinsteiger: nach Fortbildungsmaßnahmen

»Warum haben Sie sich nicht während Ihrer alten Berufstätigkeit, abends und am Wochenende, weitergebildet?«
Ihre Antwort: . . . .
. . . .
. . . .

»Was hat Ihnen an Ihrer Fortbildungsmaßnahme am meisten gefallen, was am wenigsten?«
Ihre Antwort: . . . .
. . . .
. . . .

»Wie kamen Sie mit den Dozenten und den anderen Teilnehmern aus?«
Ihre Antwort: . . . .
. . . .
. . . .

Fragen an 40-plus-Bewerber

»Sind Sie nicht zu alt für diese Position?«
Ihre Antwort: . . . .
. . . .

»Sie laufen doch die 200 Meter auch nicht mehr in dersel-
ben Zeit wie mit 20 Jahren. Glauben Sie nicht, dass Ihre
Leistungsfähigkeit nachgelassen hat?«

Ihre Antwort: . . . .

. . . .

. . . .

»Wie alt muss Ihr Stellvertreter mindestens sein, wie alt
darf er höchstens sein?«

Ihre Antwort: . . . .

. . . .

. . . .

»Haben Sie noch Ziele? Wo wollen Sie mit 55 und wo mit
60 Jahren stehen?«

Ihre Antwort: . . . .

. . . .

. . . .

»Was machen Sie nach Ihrem aktiven Erwerbsleben?"

Ihre Antwort: . . . .

. . . .

. . . .

»Was haben Sie jüngeren Kollegen voraus?«

Ihre Antwort: . . . .

. . . .

. . . .

»Sind Sie bereit umzuziehen, falls unsere Firma den Stand-
ort wechselt?«

Ihre Antwort: . . . .

. . . .

»Was haben Sie für Ihre fachliche Weiterbildung getan?«
Ihre Antwort: . . . .

. . . .

. . . .

Fragen an Dauerwechsler

»Warum haben Sie Ihre Stellen so oft gewechselt?«
Ihre Antwort: . . . .

. . . .

. . . .

»Wie war Ihre Zusammenarbeit mit Mitarbeitern und Kollegen an Ihrem letzten Arbeitsplatz?«
Ihre Antwort: . . . .

. . . .

. . . .

»Wie kamen Sie mit Ihrem letzten Vorgesetzten aus?«
Ihre Antwort: . . . .

. . . .

. . . .

»Welche Eigenschaften stören Sie an anderen Menschen
am meisten?«
Ihre Antwort: . . . .

. . . .

. . . .

»Wie lange werden Sie bei uns bleiben?«
Ihre Antwort: . . . .

. . . .

. . . .

»Beschreiben Sie uns bitte Ihren idealen Vorgesetzten.«
Ihre Antwort: . . . .

. . . .

. . . .

»Wie halten Sie es mit Routinetätigkeiten?«
Ihre Antwort: . . . .

. . . .

. . . .

»Wie gehen Sie mit außergewöhnlichen Belastungen am Arbeitsplatz um?«
Ihre Antwort: . . . .

. . . .

. . . .

»Was ist für Sie wichtiger: eine hohe Arbeitszufriedenheit oder anspruchsvolle Tätigkeiten?«
Ihre Antwort: . . . .

. . . .

. . . .

Wenn Ihnen Ihre Antworten auf die Fragen schwer fallen, finden Sie Anregungen im Kapitel »Die 100 häufigsten Fragen und die besten Antworten«.

Auf einen Blick

Problematische Bewerbungen

Im Blick

- Zu den problematischen Bewerbungen gehören: Arbeitslose, Wiedereinsteiger, 40-plus-Bewerber und Dauerwechsler.
- Bei problematischen Bewerbungen müssen Sie im Vorstellungsgespräch Vorurteile von Personalverantwortlichen entkräften.
- Lange Begründungen für problematische Lebensabschnitte katapultieren Sie aus dem Bewerbungsverfahren.
- Die Vorurteile der Personalverantwortlichen können durch eine schlüssige Selbstpräsentation ausgeräumt werden.
- Sie überzeugen Personalverantwortliche, indem Sie Beispiele dafür geben, wie Sie berufliche Aufgaben bewältigt haben, welche neuen Kenntnisse Sie sich angeeignet haben und was Sie mitbringen, um die Anforderungen der ausgeschriebenen Stelle zu bewältigen.

14

Die 100 häufigsten Fragen und die besten Antworten

Ihr Antwortverhalten lässt sich durch Training positiv beeinflussen. In diesem Kapitel bekommen Sie Anregungen und Ideen, um Ihren eigenen Antwortstil zu entwickeln und auszubauen.

Auf diese Fragen müssen Sie sich einstellen

Damit Ihnen die Vorbereitung auf Vorstellungsgespräche leichter fällt, haben wir für Sie 100 Beispielfragen mit jeweils einer ungeeigneten und einer geeigneten Beispielantwort zusammengestellt. Die aufgeführten Fragen sind aus der Praxis und werden von Personalverantwortlichen in Bewerbungsgesprächen regelmäßig eingesetzt. Unsere Beispielfragen sind untergliedert in die Themenbereiche:

- Fragen zur Motivation der Bewerbung,
- Fragen zur beruflichen Entwicklung,
- Fragen zur Person,
- Fragen zur Firma,
- Fragen zur privaten Lebensgestaltung,
- Fragen an Arbeitslose,
- Fragen an Wiedereinsteiger,
- Fragen an 40-plus-Bewerber,
- Fragen an Dauerwechsler,
- Stressfragen.

Unsere Beispielfragen und Beispielantworten sollen Sie auch mit der Situation Vorstellungsgespräch vertraut machen. Sie bekommen ein Gespür dafür, was von Unternehmensseite inhaltlich von Ihnen erwartet wird. Unsere Beispielantworten werden verhindern, dass Sie in Fallen tappen, sich selbst in ein schlechtes Licht rücken oder mit Schweigen auf Fragen reagieren, deren Hintergrund Sie nicht verstehen.

Ihr wichtigstes Ziel sollte aber sein, einen eigenen Antwortstil zu entwickeln. Sie sollten mit eigenen Worten klarmachen können, warum Sie die neue berufliche Position anstreben. Um dieses Ziel zu erreichen, können Sie unsere Fragen für Ihr Training benutzen. **Individualität entscheidet**

Am besten ist es, wenn Sie sich die Beispielfragen von Freunden oder Bekannten stellen lassen. Simulieren Sie dabei die Gesprächsatmosphäre in Vorstellungsgesprächen: Setzen Sie sich gegenüber an einen Tisch und beachten Sie in einem zweiten Durchgang auch unsere Hinweise zur Körpersprache aus dem Kapitel »Mit Körpersprache überzeugen«.

Fragen zur Motivation der Bewerbung

1. »*Was würden Sie am ersten Tag in unserer Firma machen?*«
   • *Negative Antwort* »Ein bisschen herumgehen, ich muss mich ja erst mal zurechtfinden.«
   • *Positive Antwort* »Ich mache mich mit meinen Kollegen, Mitarbeitern und Vorgesetzten bekannt, soweit dies nicht schon geschehen ist. Dann werde ich mich um die Entscheidungs- und Informationswege in der Firma kümmern, um zu verstehen, wie bisher Aufgaben bewältigt und Entscheidungen getroffen wurden.«

2. »*Was wollen Sie in fünf Jahren erreicht haben?*«
   • *Negative Antwort* »So weit denke ich nicht.«
   • *Positive Antwort* »Ich möchte erreichen, dass mir umfassendere Kompetenzen und Verantwortungsbereiche übertragen werden. So möchte ich gerne komplexere Aufgabenstellungen bearbeiten und [wenn es zur ausgeschriebenen Position passt] ausgeweitete Personal- und Budgetverantwortung überneh-

men. Mich würde es auch reizen, für abteilungsübergreifende Projekte verantwortlich zu zeichnen.«

3. »*Was sollten wir tun, um Sie angemessen bei Ihrer Arbeit zu unterstützen?*«
   - *Negative Antwort* »Dafür sorgen, dass das getan wird, was ich anordne.«
   - *Positive Antwort* »Mir Zugriff auf die für mich relevanten Informationen geben und eine gute Einbindung in die Unternehmensabläufe schaffen.«

4. »*Warum haben Sie sich gerade bei uns beworben?*«
   - *Negative Antwort* »Die Stellenanzeige schien zu passen.«
   - *Positive Antwort* »Weil meine bisherige berufliche Entwicklung mich darauf vorbereitet hat, die Aufgaben eines XYZ bei Ihnen zu übernehmen. So habe ich bereits ... Projektteams geleitet, die Materialbeschaffung neu organisiert, umfassende Vertriebserfahrung in Ihrer Branche gesammelt, das Office Management neu gestaltet ...« [Weitere Anregungen finden Sie im Kapitel: »Warum sollten wir gerade Sie einstellen? Ihre Selbstpräsentation«.]

5. »*Können wir Sie auch in anderen Unternehmensbereichen einsetzen? Wenn nein, warum nicht, wenn ja, in welchen?*«
   - *Negative Antwort* »Nein, dann hätte ich mich ja nicht auf diese Position bewerben müssen.«
   - *Positive Antwort* »Wenn auch in anderen Unternehmensbereichen mein Profil gefragt ist, sicherlich. Für mich ist aber wichtig, dass ich meine bisherigen beruflichen Erfahrungen in die neue berufliche Position einbringen kann.«

6. »*Wo haben Sie sich sonst noch beworben?*«
   - *Negative Antwort* »Selbstverständlich nur bei Ihnen.«
   - *Positive Antwort* »Ich habe mich auch bei einigen anderen Firmen Ihrer Branche beworben, für die meine beruflichen Qualifikationen interessant sind.«

7. »Warum haben Sie Ihre Arbeitgeber mehrmals gewechselt?«
- *Negative Antwort* »Ich war unzufrieden. Einmal stimmte die Arbeitsmoral meiner Kollegen nicht. Bei meinem zweiten Arbeitgeber hat mein Vorgesetzter mich blockiert. In meiner letzten Stelle hat man immer wieder versucht, mich zu entmachten, und das kann ich mir schließlich nicht gefallen lassen.«
- *Positive Antwort* »Ich habe bisher zwei wesentliche Tätigkeitsschwerpunkte verfolgt. Zum einen war dies die Neugestaltung von Aufgabenfeldern, zum anderen war es die Einarbeitung in bestehende Arbeitsabläufe. Bei meinen bisherigen Arbeitgebern habe ich die an mich gestellten Anforderungen stets erfüllt, jedoch auch die sich mir bietenden Möglichkeiten zum Wechsel in ein mich stärker forderndes Aufgabengebiet genutzt.«

8. »Wie lange werden Sie in unserer Firma bleiben?«
- *Negative Antwort* »Erst mal sehen, wie es so läuft.«
- *Positive Antwort* »Solange die Firma meine Arbeitskraft benötigt.«

9. »Nennen Sie mir Ihre zwei schönsten Erfolge!«
- *Negative Antwort* »Ich bin ganz besonders stolz darauf, dass wir es mit unserer Bowling-Mannschaft geschafft haben, in die Zweite Altherren-Liga aufzusteigen. Als weiteren Erfolg sehe ich, dass ich den Startknopf bei der feierlichen Einweihung unserer neuen Produktionsanlage drücken durfte.«
- *Positive Antwort* »Besonders schön fand ich, dass wir in meiner bisherigen Firma aufgrund der von mir eingebrachten Verbesserungsvorschläge die Fehlerquote in der Produktion drastisch reduzieren konnten.« Oder »Durch die von mir entwickelten Gesprächsleitfäden für den Außendienst konnten wir sowohl die Produktakzeptanz als auch die Umsatzzahlen erheblich steigern.« [Wählen Sie zwei berufliche Aufgaben aus Ihrem bisherigen Werdegang aus, die Sie besonders gut gelöst haben.]

10. »Wie lange brauchen Sie, bis Sie sich eingearbeitet haben?«
   • *Negative Antwort* »Ich vermute ja wohl richtig, dass Sie mir ausreichende Unterstützung zukommen lassen. Nach und nach werde ich mich dann auch an Ihren Betrieb gewöhnen.«
   • *Positive Antwort* »Einige Aufgaben kann ich sicherlich sofort für Sie übernehmen. In die neue Produktpalette, die Informations- und Entscheidungswege in Ihrer Firma und [wenn es zur Position passt] in die von Ihnen eingesetzte Software werde ich mich kurzfristig einarbeiten.«

11. »Haben Sie schon einmal mit dem Gedanken gespielt, sich selbstständig zu machen?«
   • *Negative Antwort* »Mir fehlt die richtige Idee, sonst wäre das bestimmt toll, sein eigener Chef zu sein.«
   • *Positive Antwort* »Ich kann meine Arbeitsaufgaben selbstständig bearbeiten, glaube aber nicht, dass mein Arbeitsgebiet aus dem unterstützenden Umfeld einer Firma herauszulösen wäre.« Oder »Ich arbeite gerne mit anderen zusammen an Aufgabenstellungen und bevorzuge die Arbeitsatmosphäre in einer größeren Organisation.«

12. »Was brauchen Sie, um beruflich erfolgreich zu sein?«
   • *Negative Antwort* »Interessante Aufgaben und ein kreatives Team.«
   • *Positive Antwort* »Aufgabenstellungen, in denen ich meine Stärken einsetzen kann. Ich erwarte aber auch von meinen Kollegen und Mitarbeitern eine ergebnisorientierte Arbeitsatmosphäre und den Willen, für das Unternehmen etwas erreichen zu wollen.«

Fragen zur beruflichen Entwicklung

13. *»Aus welchen Gründen haben Sie sich für Ihren Beruf entschieden?«*
    - *Negative Antwort* »Damals gab es viele freie Stellen in dem Bereich XYZ.«
    - *Positive Antwort* »Die Chancen, die sich mir durch die Aufnahme einer Ausbildung zum/eines Studiums der … geboten haben, konnte ich nutzen und habe mich daher nach der Ausbildung/nach dem Studium für die Aufnahme einer Tätigkeit als … entschieden. Wichtig für mich sind die Möglichkeiten, … zum direkten Kundenkontakt/im Unternehmen organisatorisch tätig zu sein/abteilungsübergreifend zu arbeiten/Unternehmensstrategien in konkrete Arbeitsabläufe umzusetzen/technische Innovationen in Markterfolge umzusetzen/Mitarbeiter zu führen.«

14. *»Gibt es eine innere Logik hinter Ihrem bisherigen beruflichen Werdegang?«*
    - *Negative Antwort* »Mir war ein guter Verdienst immer wichtig und ich habe es auch geschafft, die entsprechenden Lohnerhöhungen zu bekommen.«
    - *Positive Antwort* »In meiner ersten beruflichen Position konnte ich meine Ausbildungs-/Studieninhalte nutzen, um erste berufliche Aufgaben zu bewältigen. Wichtig für mich war es auch, Arbeitsabläufe in meinem Bereich zu analysieren und für mich handhabbar zu machen. Diese Arbeitsmethodik konnte ich dann in meiner zweiten Position bei der Firma XYZ in … der Verwaltung/Produktion/dem Verkauf/Außendienst/Service … einsetzen, um umfassendere Aufgaben wahrzunehmen. Mein Beitrag zum Firmenerfolg ermöglichte mir dann den Aufstieg in meine jetzige Position.«

15. *»Würden Sie wieder den gleichen Beruf wählen?«*
    - *Negative Antwort* »Auf keinen Fall, ich würde lieber etwas Kreatives machen.«

• *Positive Antwort* »Ich habe viele Gelegenheiten bekommen, mich in meinem Beruf zu bewähren, und es hat mir Spaß gemacht, immer wieder neue Aufgaben zu lösen. Daher würde ich den von mir eingeschlagenen Weg wieder wählen.«

16. »*Was hat Ihnen in Ihrer Ausbildung am besten gefallen?*«
• *Negative Antwort* »Dass wir Lehrlinge immer gut zusammengehalten haben, auch gegen den Meister.«
• *Positive Antwort* »Ich fand meine Ausbildung immer dann spannend, wenn ich die Gelegenheit hatte, Erlerntes auch umzusetzen. Interessant fand ich auch Zukunftsperspektiven, die aufgezeigt wurden. Während meiner Berufstätigkeit habe ich mich daher stets weitergebildet, um auf dem Laufenden zu bleiben.«

17. »*Was hat Sie im Beruf besonders enttäuscht?*«
• *Negative Antwort* »Vorgesetzte, die meine Ideen blockiert haben.«
• *Positive Antwort* »Mich hat nichts besonders enttäuscht. Ich glaube auch, dass jeder Berufstätige eine gewisse Eigenverantwortung trägt, um Enttäuschungen gar nicht erst aufkommen zu lassen.«

18. »*Warum haben Sie so gute Arbeitszeugnisse?*«
• *Negative Antwort* »Ich bin halt die Beste, die Sie kriegen können.«
• *Positive Antwort* »Ich glaube, dass meine bisherigen Arbeitgeber mit mir zufrieden waren. Ich habe auch gerne dort gearbeitet.«

19. »*Warum haben Sie so schlechte Arbeitszeugnisse?*«
• *Negative Antwort* »Dabei handelt es sich nur um einen Racheakt der Geschäftsleitung.«
• *Positive Antwort* »Es gab in meiner alten Firma Spannungen zwischen den einzelnen Abteilungen und der Geschäftslei-

tung. Meine Arbeitsleistung fand durchaus die Anerkennung meines direkten Vorgesetzten/Abteilungsleiters/Bereichsleiters. Die Gräben zwischen den einzelnen Abteilungen verhinderten wohl eine bessere Bewertung. Die mangelnde Kooperation war nicht zuletzt ein Grund für meine Suche nach einem neuen Arbeitgeber.«

20. »*Was hat Ihnen an Ihrem alten Arbeitsplatz besonders gefallen?*«
   • *Negative Antwort* »Die Gleitzeit.«
   • *Positive Antwort* »Ich konnte meine Routineaufgaben schnell und reibungslos bearbeiten und hatte dadurch die Möglichkeit, mich an Sonder- und Projektaufgaben zu beteiligen.«

21. »*Was hat Ihnen an Ihrem alten Arbeitsplatz überhaupt nicht gefallen?*«
   • *Negative Antwort* »Da gibt es mehrere Sachen. Es lief immer alles nach Schema F ab, die Kollegen haben bei der Zusammenarbeit immer wieder gemauert und meine Abteilungsleiterin war völlig planlos.«
   • *Positive Antwort* »Ich war zufrieden. Die eine oder andere punktuelle Verbesserungsmöglichkeit lässt sich natürlich immer finden. Im Wesentlichen sind es die fehlenden Entwicklungsmöglichkeiten, die mich zu einer Bewerbung bei Ihnen veranlasst haben.«

22. »*Warum haben Sie noch nie den Arbeitgeber gewechselt?*«
   • *Negative Antwort* »Auf die Idee bin ich vor meiner Kündigung nicht gekommen.«
   • *Positive Antwort* »Ich hatte die Möglichkeit, mich innerhalb der Firma zu entwickeln. Auch wenn sich meine offizielle Tätigkeitsbezeichnung nicht verändert hat, habe ich doch immer wieder Sonderaufgaben übernommen [Beispiele geben] und die angebotenen Weiterbildungsmöglichkeiten genutzt.«

Fragen zur Person

23. *»Was brauchen Sie, um mit Ihrer Arbeit zufrieden zu sein?«*
- *Negative Antwort* »Ein anständiges Gehalt.«
- *Positive Antwort* »Ich brauche Rückmeldungen. Zum einen in Form von Umsatzzahlen oder Gewinnsteigerungen, zum anderen brauche ich die Rückmeldungen von Mitarbeitern und Kollegen. Ich bin dann zufrieden, wenn ich sehe, dass meine Arbeitsergebnisse gut in übergeordnete Abläufe passen und dem Gesamtziel dienen.«

24. *»Welche Erwartungen haben Sie an zukünftige Kollegen?«*
- *Negative Antwort* »Dass sie akzeptieren, dass sie von mir viele gute Ratschläge bekommen werden.«
- *Positive Antwort* »Ich wünsche mir, dass meine Kollegen bei ihrer Arbeit das Unternehmensinteresse im Blick behalten.«

25. *»Inwieweit haben Sie sich in den letzten fünf Jahren in Ihrer Persönlichkeit verändert?«*
- *Negative Antwort* »Ich bin mir selbst treu und deshalb immer der Gleiche geblieben.«
- *Positive Antwort* »Ich habe mehr Verständnis für andere Menschen entwickelt. Früher habe ich es manchmal nicht verstanden, wie man anderer Ansicht sein konnte. Heute weiß ich, dass verschiedene Blickwinkel nützlich sein können.«

26. *»Wenn wir einen Ihrer derzeitigen Kollegen fragen würden, wie würde er Sie beschreiben?«*
- *Negative Antwort* »Das ist im Moment etwas schwierig, da ich mich mit vielen Kollegen überworfen habe.«
- *Positive Antwort* »Als jederzeit gesprächsbereit, zielorientiert und begeisterungsfähig. So konnten wir in unserer Abteilung ... durch gegenseitigen Informationsaustausch und

Hilfe in der Startphase die Einführung einer neuen Software reibungslos gestalten.« [(Nennen Sie ein Beispiel aus Ihrer Berufspraxis, durch das die gute kollegiale Zusammenarbeit deutlich wird.]

27. »*Wie verhalten Sie sich in unangenehmen Situationen?*«
   - *Negative Antwort* »Unangenehmen Situationen gehe ich aus dem Weg.«
   - *Positive Antwort* »Ich löse sie auf. Zuerst forsche ich nach den Ursachen. Liegt es beispielsweise an Problemen bei der Umsetzung der Unternehmensstrategie in das Tagesgeschäft, sind vielleicht persönliche Spannungen unter den Mitarbeitern entstanden oder müssen eventuell bestehende Arbeitsabläufe neu strukturiert werden. Ein erster Schritt ist sicherlich immer das Gespräch mit den Beteiligten.«

28. »*Welche Eigenschaft stört Sie an Menschen am meisten?*«
   - *Negative Antwort* »Wenn ich nicht respektiert werde.«
   - *Positive Antwort* »Ich erwarte von mir, dass ich mit allen Menschen zurechtkomme. Im beruflichen Alltag erwarte ich, dass ein Mindestmaß an Ehrlichkeit und Einsatzbereitschaft vorhanden ist. In Geschäftsbeziehungen hat man auch mit schwierigen Kunden auszukommen.«

29. »*Wie reagieren Sie, wenn Sie ungerechtfertigt kritisiert werden?*«
   - *Negative Antwort* »Ich gehe keinem Streit aus dem Weg.«
   - *Positive Antwort* »Ich versuche herauszubekommen, wo die Gründe für die ungerechtfertigte Kritik liegen. Menschen haben manchmal einen schlechten Tag, das geht meist schnell vorbei.«

30. »*Welche Eigenschaften müsste Ihr idealer Vorgesetzter mitbringen?*«
   - *Negative Antwort* »Er müsste sein wie ich.«
   - *Positive Antwort* »Den Willen, etwas erreichen zu wollen. Er sollte in der Lage sein, eine Brücke zwischen den Firmeninteressen und der Motivation der Mitarbeiter zu bauen.«

31. »Welchen Führungsstil bevorzugen Sie?«
- *Negative Antwort* »Darüber habe ich mir noch keine Gedanken gemacht.«
- *Positive Antwort* »Führung muss sich auf die Aufgabe und den einzelnen Mitarbeiter beziehen. Ich bevorzuge es, Aufgaben so zu delegieren, dass sie von dem einzelnen Mitarbeiter auch erfüllt werden können, und ich kontrolliere die Erledigung der Aufgaben regelmäßig, um eine Rückmeldung an den Mitarbeiter geben zu können.«

32. »Welche Lebensziele haben Sie noch nicht erreicht?«
- *Negative Antwort* »In meinem Alter freut man sich ja auf Enkelkinder, aber meine Kinder kommen ja einfach nicht in die Gänge.«
- *Positive Antwort* »Ich möchte für mich und meine Familie ein Haus bauen [soweit noch nicht geschehen], und ich möchte mich weiter beruflich entwickeln können. Ansonsten bin ich mit meiner Situation sehr zufrieden.«

33. »Wie gehen Sie mit persönlichen Krisen um?«
- *Negative Antwort* »Ich versuche mich zu besinnen und Ruhe zu finden, aber das gelingt mir schon seit Jahren nicht mehr.«
- *Positive Antwort* »Jeder hat mal einen schlechten Tag, auch ich. Dann treffe ich mich mit Freunden oder gehe mit meiner Frau spazieren, und am nächsten Tag geht es dann in alter Frische weiter.«

34. »Was hat Sie an bisherigen Kollegen am meisten gestört?«
- *Negative Antwort* »Ignoranz und Selbstherrlichkeit.«
- *Positive Antwort* »Mit meinen Kollegen habe ich immer gut zusammenarbeiten können. Wenn es einmal kleinere Reibungspunkte gab, waren diese nach einem persönlichen Gespräch oder durch die Umstrukturierung von Arbeitsabläufen aus der Welt zu schaffen.«

35. »*Wie, glauben Sie, schätzen andere Menschen Sie ein?*«
- *Negative Antwort* »Als handfeste Persönlichkeit, die ihren Weg geht.« Oder: »Als einfühlsame Frau mit hoher sozialer Kompetenz.«
- *Positive Antwort* »Als kompetent und kooperativ. Diejenigen, die mit mir zusammenarbeiten, wissen, dass sie in mir immer einen verlässlichen Partner finden, wenn es darum geht, Aufgaben gemeinsam zu bewältigen.«

36. »*Was würden Sie tun, wenn Sie mehr Freizeit hätten?*«
- *Negative Antwort* »Ich hätte endlich Zeit für meine Hobbys und für längere Reisen.«
- *Positive Antwort* »Einen Teil würde ich sicherlich meiner Familie widmen. Daneben würde ich gezielt nach Weiterbildungsmaßnahmen suchen. Neben der Erweiterung meiner Sprachkenntnisse würden mich auch Seminare zu den Themen ... und ... [Verhandlungstechniken, Qualitätssicherung, Direktmarketing] interessieren.«

37. »*Kennen Sie beruflich erfolgreiche Menschen?*«
- *Negative Antwort* »Viele so genannte Erfolgsmenschen sind doch nur Blender.«
- *Positive Antwort* »Ja, sowohl in meinem Bekanntenkreis als auch bei meinem bisherigen Arbeitgeber gibt es viele beruflich erfolgreiche Menschen.«

Fragen zur Firma

38. »*Kennen Sie unsere Produkte/Dienstleistungen? Was interessiert Sie daran?*«
- *Negative Antwort* »Günstig sind die Angebote Ihrer Firma nicht gerade. Ihr Marketing scheint ziemlich gut zu sein, wenn Sie sich so lange am Markt behauptet haben.«
- *Positive Antwort* »Ich habe mich vor meiner Bewerbung bei

Ihnen über Ihr Produkt/Leistungsangebot informiert. Über die weiterführenden Informationen, die Sie mir zugeschickt haben, habe ich mich sehr gefreut, da ich viele Berührungspunkte zu meiner jetzigen Tätigkeit gefunden habe. Zum einen interessiert mich die Nähe Ihrer Produkte/Dienstleistungen zu dem, was ich momentan tue, zum anderen glaube ich, dass ich mit meiner Berufserfahrung zu Ihrem Unternehmenserfolg beitragen kann.«

39. »*Was wissen Sie über unsere Branche?*«
- *Negative Antwort* »Ich komme ja aus einer anderen Branche, aber so groß sind die Unterschiede wahrscheinlich nicht.«
- *Positive Antwort* »Aus meinen vorangegangenen Tätigkeiten verfüge ich über umfassendes Branchenwissen [wenn es stimmt].« Oder: »Ich weiß, dass Ihre Branche durch ... [hohe Qualitätsanforderungen, großen Innovationsdruck, Preiswettbewerb, erklärungsbedürftige Produkte/Dienstleistungen] gekennzeichnet ist.«

40. »*Welchen Eindruck haben Sie von unserem Unternehmen?*«
- *Negative Antwort* »Ich hatte es mir moderner vorgestellt.«
- *Positive Antwort* »Ich bin in meiner Meinung bestärkt worden, dass ich für Ihr Unternehmen tätig sein möchte.«

41. »*Haben Sie noch Fragen zu dem Informationsmaterial über unser Unternehmen?*«
- *Negative Antwort* »In der Praxis sieht es doch anders aus als in diesen bunten Broschüren.«
- *Positive Antwort* »Mich würde interessieren, wie mein neuer Arbeitsplatz in die Informations- und Entscheidungswege im Unternehmen eingebunden ist.«

Fragen zur privaten Lebensgestaltung

42. *»Was denkt Ihr Lebenspartner über Ihren Beruf?«*
- *Negative Antwort* »Wir haben uns auseinander gelebt. Jeder geht seinen eigenen Weg.«
- *Positive Antwort* »Mein Lebenspartner unterstützt mich in meiner beruflichen Entwicklung. Wir haben uns zusammengesetzt und über die Folgen meines beruflichen Engagements gesprochen. Mein Partner weiß, was auf ihn zu kommt, und trägt meine Entscheidung zum Stellenwechsel voll und ganz mit.«

43. *»Wie sieht Ihre private Lebensplanung aus?«*
- *Negative Antwort* »Ich habe noch viele offene Wünsche, hoffentlich bleiben sie nicht unerfüllt.«
- *Positive Antwort* »Ich bemühe mich, meine beruflichen und privaten Planungen in Einklang zu bringen. Ich möchte daher auch gerne dort wohnen, wo ich arbeite.«

44. *»Sind Sie in Ihrer Freizeit lieber allein oder ziehen Sie die Geselligkeit in der Gruppe vor?«*
- *Negative Antwort* »Mit dieser Cliquen-Seligkeit kann ich überhaupt nichts anfangen.«
- *Positive Antwort* »Ich treffe mich gerne mit Freunden und organisiere auch gerne gemeinsame Freizeitveranstaltungen mit, aber ich arbeite auch gerne im Garten und lese auch gerne einmal ein gutes Buch vor dem Kamin.«

45. *»Was haben Sie letzte Woche gemacht?«*
- *Negative Antwort* »Darüber bin ich Ihnen keine Rechenschaft schuldig.«
- *Positive Antwort* »Ich habe die Arbeitsaufgaben bei meinem jetzigen Arbeitgeber erledigt [wenn es zutrifft]. Abends habe ich Ihr Informationsmaterial noch einmal durchgearbeitet, war im Kino und habe Reparaturen im Haushalt durchgeführt beziehungsweise den Haushalt gemacht.«

46. »Wie entspannen Sie sich?«

• *Negative Antwort* »Ein gutes Essen und dazu eine Flasche Wein, dann sieht die Welt gleich ganz anders aus.«

• *Positive Antwort* »Ich halte mich fit durch Rad fahren/wandern/ schwimmen/joggen und genieße die gemeinsamen Ausflüge mit meiner Frau/meinem Mann und meinen Kindern.«

47. »Welche Unterstützung bekommen Sie von Ihrer Partnerin/Ihrem Partner für Ihren Beruf?«

• *Negative Antwort* »Meine Familie weiß noch nichts davon, dass wir umziehen müssen, wenn ich die Stelle bei Ihnen bekomme.«

• *Positive Antwort* »Meine berufliche Entwicklung habe ich immer mit meiner Partnerin/meinem Partner abgesprochen und werde voll von ihr/ihm unterstützt.«

48. »Treiben Sie Sport? Wenn ja, welchen, und wenn nein, warum nicht?«

• *Negative Antwort* »Nein.«

• *Positive Antwort* »Ich spiele Tennis/fahre Rad/jogge/...« Oder: »Ich mache nicht so viel Sport, weil meine beruflichen Aufgaben mir nur sehr wenig Zeit lassen.«

49. »Was würden Sie machen, wenn Sie eine Million im Lotto gewinnen würden?«

• *Negative Antwort* »Den ganzen Ärger hinter mir lassen.«

• *Positive Antwort* »Ich würde mir ein Haus kaufen [soweit noch nicht geschehen], und mit dem restlichen Geld würde ich mich finanziell an der Entwicklung ausgesuchter Unternehmen beteiligen.«

Fragen an Arbeitslose

50. »Würden Sie sich selber einstellen?«

• *Negative Antwort* »Wenn ich ehrlich bin, nein.«

- *Positive Antwort* »Wenn ich eine berufliche Position zu vergeben hätte, in der ich meine Fähigkeiten nutzbringend einsetzen kann, ja. So habe ich bisher in meiner Tätigkeit als ... .« [Anregungen, wie Sie diese Fragen beantworten können, finden Sie auch im Kapitel »Warum sollten wir gerade Sie einstellen? Ihre Selbstpräsentation«.]

51. *»Bedeutet diese Stelle nicht einen beruflichen Abstieg für Sie?«*
    - *Negative Antwort* »Ich bin jetzt so weit, dass ich alles nehme, was mir angeboten wird.«
    - *Positive Antwort* »Für mich ist es wichtig, meine berufliche Entwicklung fortzusetzen. Die Gelegenheit, mich in einer neuen Stelle zu beweisen, steht für mich im Vordergrund.«

52. *»Könnten Sie auf das Berufsleben verzichten, wenn Sie finanziell abgesichert wären?«*
    - *Negative Antwort* »Da können Sie sicher sein.«
    - *Positive Antwort* »Nein. Ich finde, dass die finanzielle Seite nur eine Seite des Berufslebens ist. Zur Berufstätigkeit gehört ja auch, sich mit anderen Menschen auseinander zu setzen, Ziele zu erreichen und sich dadurch zu motivieren.«

53. *»Können Sie sich überhaupt noch für den Berufsalltag motivieren?«*
    - *Negative Antwort* »Ich glaube, dass jetzt eine große Umstellung auf mich zukommt.«
    - *Positive Antwort* »Mich hat die ganze Zeit die Aussicht auf den Wiedereinstieg in den Berufsalltag motiviert. Ich arbeite gerne.«

54. *»Werden Sie sich noch einmal beruflich umorientieren?«*
    - *Negative Antwort* »Kann schon sein.«
    - *Positive Antwort* »Ich möchte in einer Position arbeiten, in der ich meine Erfahrungen und Qualifikationen einbringen kann. Selbstverständlich möchte ich mich aber auch weiterentwickeln und weiterbilden. Ich glaube, dass das innerhalb meines Berufsfeldes möglich ist.«

55. *»Sind Sie nicht überqualifiziert für diese Position?«*

- *Negative Antwort* »Das stimmt, aber wenn ich erst mal wieder im Beruf bin, kann ich mir dann ja was Besseres suchen.«

- *Positive Antwort* »Für mich steht die Aufgabe im Vordergrund. Ich möchte die beruflichen Aufgabenstellungen lösen, die mein neues Tätigkeitsfeld mit sich bringt. Auch in meiner letzten Tätigkeit habe ich neben anderen Aufgaben die Tätigkeiten ... ausgeführt.«

56. *»Was tun Sie, wenn Sie diese Stelle nicht bekommen?«*

- *Negative Antwort* »Dann weiß ich, dass es sowieso alles keinen Sinn hat.«

- *Positive Antwort* »Ich befinde mich in der aktiven Bewerbungsphase. Auf einige Bewerbungen habe ich bisher noch keine Rückmeldungen erhalten. Ich werde mich weiter bewerben und die Gelegenheiten wahrnehmen, in Vorstellungsgesprächen mein berufliches Profil darzustellen.«

57. *»Warum waren Sie so lange arbeitslos?«*

- *Negative Antwort* »Es waren halt schwierige Umstände, und wenn man erst einmal draußen ist, wird es immer schwerer, wieder Arbeit zu finden.«

- *Positive Antwort* »Ich hätte mir auch eine frühere Rückkehr ins Berufsleben gewünscht. Leider war es eine Zeit lang nicht möglich, eine Stelle zu finden, in der meine bisherige Berufserfahrung gefragt gewesen wäre.«

Fragen an Wiedereinsteiger

58. *»Was haben Sie während der letzten Jahre getan, um beruflich am Ball zu bleiben?«*

- *Negative Antwort* »Hören Sie mal, Kindererziehung ist schließlich ein Fulltime-Job.«

- *Positive Antwort* »Ich habe ausgewählte Seminare und Kurse besucht, zum Beispiel Computerkurse für Textverarbeitung und Tabellenkalkulation und Sprachkurse. Daneben habe ich in meinem Arbeitsgebiet Urlaubsvertretungen gemacht.«

59. *»Wie wollen Sie Ihre Arbeit erledigen, wenn Ihr Kind krank wird?«*
    - *Negative Antwort* »Ich hoffe in diesem Fall auf Ihre Unterstützung. Schließlich kann ich mein Kind ja nicht einfach krank zu Hause liegen lassen.«
    - *Positive Antwort* »Ich habe mir darüber auch schon Gedanken gemacht und für diesen Fall eine Möglichkeit der Betreuung meines Kindes organisiert, sodass ich auf jeden Fall meine Arbeitsaufgaben wahrnehmen kann.«

60. *»Haben Sie nicht den Anschluss an aktuelle Entwicklungen in Ihrem Berufsfeld verpasst?«*
    - *Negative Antwort* »Ich weiß gar nichts von aktuellen Entwicklungen, hat sich denn etwas geändert?«
    - *Positive Antwort* »Ich habe mich durch Gespräche, die Presse und Fachveröffentlichungen immer über Entwicklungen informiert. Daneben habe ich Fachbücher gelesen und mich so auf dem Laufenden gehalten.«

61. *»Unterstützt Sie Ihr Partner bei Ihrem Wunsch nach beruflichem Wiedereinstieg?«*
    - *Negative Antwort* »Mein Partner ist nicht so begeistert, ich glaube, es wird ihm fehlen, dass ich mich den ganzen Tag um ihn kümmern konnte.«
    - *Positive Antwort* »Ich habe vor meiner Bewerbungsphase meine beruflichen Wünsche mit meinem Partner durchgesprochen. Wir sind beide der Meinung, dass mein beruflicher Wiedereinstieg eine gute Sache ist.«

62. »Welche spezielle Unterstützung brauchen Sie in der Einarbeitungsphase?«

- *Negative Antwort* »Ich bin schon so lange raus aus dem Berufsleben, dass ich erst wieder langsam an meine neuen Aufgaben herangeführt werden müsste.«
- *Positive Antwort* »Nur die übliche Einarbeitung. Ich möchte mich mit den bei Ihnen üblichen Arbeitsabläufen vertraut machen. Beim Einsatz Ihrer Firmensoftware kann ich auf gute Kenntnisse in der Anwendung von Standardsoftware zurückgreifen. Um meine Arbeit gut mit den anderen Mitarbeitern abzustimmen, wäre es schön, wenn ich in der Einarbeitungszeit einen Ansprechpartner hätte.«

63. »Warum haben Sie sich nicht parallel zu Ihrer bisherigen Berufstätigkeit weitergebildet?«

- *Negative Antwort* »Das wäre einfach nicht gegangen.«
- *Positive Antwort* »Bei dem Umfang der Weiterbildung wäre es für mich nicht möglich gewesen, meine beruflichen Aufgaben optimal zu erfüllen. Daher habe ich mich dafür entschieden, eine Vollzeitweiterbildung zu machen.«

64. »Hätten Sie nicht auch ohne die Weiterbildungsmaßnahme eine Arbeit finden können?«

- *Negative Antwort* »Es war für mich wichtig, mal eine Zeit lang den beruflichen Druck und Stress hinter mir zu lassen.«
- *Positive Antwort* »Ich hätte sicherlich irgendeine Arbeit finden können. Das wäre dann aber keine Stelle gewesen, in die ich meine Stärken hätte einbringen können. Außerdem wollte ich für meinen neuen Beruf umfassend qualifiziert sein.«

65. »Welche andere Weiterbildungsmaßnahme wäre für Sie noch in Frage gekommen?«

- *Negative Antwort* »Ich hätte auch etwas anderes genommen, aber mein Berater beim Arbeitsamt hatte nur noch einen Platz in dieser Maßnahme frei.«

- *Positive Antwort* »Da ich mich für eine Stelle als … qualifizieren wollte, wäre für mich keine andere Weiterbildungsmaßnahme in Frage gekommen.«

66. »*Was hat Ihnen an Ihrer Fortbildungsmaßnahme am meisten gefallen, was am wenigsten?*«

- *Negative Antwort* »Schlecht waren die lustlosen Dozenten und die viel zu theoretischen Inhalte. Gut war, dass das Arbeitsamt wenigstens alle Kosten übernommen hat.«

- *Positive Antwort* »Sehr gut gefallen hat mir der Theorie-Praxis-Transfer. Ich konnte meine bisherigen beruflichen Erfahrungen einbringen und mich mit aktuellen Entwicklungen in dem von mir angestrebten Tätigkeitsfeld vertraut machen. Das integrierte Praktikum bot mir dann die Möglichkeit, mich ganz konkret auf meine zukünftigen Aufgaben vorzubereiten. Ein wesentlicher Vorteil war auch, dass betriebliche Aufgabenstellungen in Begleitseminaren noch einmal analysiert und durchgesprochen werden konnten, sodass sich sicherlich auch für die Firma ein hoher Nutzen einstellte. Nicht so gut gefallen hat mir, dass einige Teilnehmer eher mäßig motiviert waren.«

67. »*Wie kamen Sie mit den Dozenten und den anderen Teilnehmern aus?*«

- *Negative Antwort* »Ich möchte gar nicht an das, was da menschlich abging, erinnert werden.«

- *Positive Antwort* »Ich kam mit allen gut aus. Es kommt ja auch darauf an, was man selbst aus der Sache macht. Bei einigen Dozenten musste ich mehr vor- und nachbereiten als bei anderen. Und auch bei den Teilnehmern gab es engagierte und weniger engagierte.«

Fragen an 40-plus-Bewerber

68. *»Wie alt muss Ihr Stellvertreter mindestens sein, wie alt darf er höchstens sein?«*
- *Negative Antwort* »Er kann ruhig jünger sein als ich, ich bringe ihm schon alles Wesentliche bei.«
- *Positive Antwort* »Sein berufliches Profil muss stimmen, denn die Akzeptanz bemisst sich letztendlich doch eher nach den Fähigkeiten als nach dem Alter.«

69. *»Was machen Sie nach Ihrem aktiven Erwerbsleben?«*
- *Negative Antwort* »Ich lasse alles hinter mir und beginne mein zweites Leben.«
- *Positive Antwort* »Für mich steht der Beruf im Vordergrund. Ich könnte mir vorstellen, dass ich mich später mehr um meine Hobbys kümmere. Aber im Moment liegt das noch in weiter Ferne.«

70. *»Was haben Sie für Ihre fachliche Weiterbildung getan?«*
- *Negative Antwort* »In meiner Firma ist mir so etwas nicht angeboten worden und für mich als Privatmensch wären die Seminare viel zu teuer gewesen.«
- *Positive Antwort* »Ich habe Fachmessen und Tagungen besucht und mir Fachvorträge angehört. Der Kontakt zu anderen Kollegen war mir immer wichtig und natürlich habe ich mich durch Fachbücher und Fachmagazine auf dem Laufenden gehalten.«

71. *»Glauben Sie nicht, dass Ihre Leistungsfähigkeit nachgelassen hat? Sie laufen doch die 200 Meter auch nicht mehr so schnell wie früher.«*
- *Negative Antwort* »Man wird nun mal nicht jünger.«
- *Positive Antwort* »Viele Aufgaben löse ich jetzt effektiver, als ich das als Berufsanfänger getan habe. Ich habe mich beruflich weiterentwickelt und habe in vielen Bereichen Wege gefunden, um zu optimalen Arbeitsergebnissen zu kommen.«

72. »*Sind bei älteren Mitarbeitern mehr Fehltage vertretbar als bei jünge-ren?*«

- *Negative Antwort* »Schwer zu sagen, ein paar Tage mehr werden es im Alter wohl werden.«
- *Positive Antwort* »Meiner Erfahrung nach sind bei jüngeren Mitarbeitern mehr Fehltage zu verzeichnen als bei älteren. Generell finde ich, dass es darum geht, Fehltage so weit wie möglich zu reduzieren.«

73. »*Sind Sie nicht zu alt für diese Position?*«

- *Negative Antwort* »Nein.«
- *Positive Antwort* »Die neue Position ist für mich ein sehr interessanter Karriereschritt. Bisher habe ich mich mit den beruflichen Aufgaben ... und ... auseinander gesetzt. Dabei habe ich sehr gute Erfolge erzielt. Diese erfolgreiche Arbeitsweise werde ich auch in der neuen Position einsetzen.«

74. »*Sind Sie bereit, noch einmal umzuziehen?*«

- *Negative Antwort* »Das wird schwierig. Ich möchte meine Kinder nicht aus ihrer jetzigen Schule herausnehmen, und mein Haus ist auch noch nicht ganz abbezahlt.«
- *Positive Antwort* »Wenn meine beruflichen Aufgaben es verlangen, würde ich umziehen.«

75. »*Was haben Sie jüngeren Kollegen voraus?*«

- *Negative Antwort* »Lebenserfahrung.«
- *Positive Antwort* »Das kann ich so pauschal nicht sagen. Für mich war es wichtig und entscheidend, dass ich gemerkt habe, dass ich immer weiter lernen und mich weiterentwickeln muss, um auf der Höhe der Zeit zu bleiben. Berufseinsteigern habe ich sicherlich Branchenerfahrung und Berufspraxis voraus.«

76. »*Welche beruflichen Ziele haben Sie noch?*«

- *Negative Antwort* »Ich glaube, dass es für mich nicht mehr viel zu erreichen gibt.«

- *Positive Antwort* »Mich immer wieder neuen Aufgaben stellen. Ich weiß, dass ich die beruflichen Routineaufgaben auf meinem Gebiet schnell und effektiv lösen kann. Neben dem Tagesgeschäft würde ich auch gerne Sonderaufgaben oder Projektverantwortung übernehmen.«

Fragen an Dauerwechsler

77. »Warum haben Sie Ihre Arbeitgeber so oft gewechselt?«
- *Negative Antwort* »Ich frage mich auch, warum ich mir immer wieder die falschen Arbeitgeber aussuche.«
- *Positive Antwort* »Ich habe mich immer bemüht, meine Interessen mit den Zielen des Unternehmens in Einklang zu bringen. Dabei war es für mich stets wichtig, die mir zugewiesenen Aufgaben einwandfrei zu erledigen. Bei mir hat sich die Situation ergeben, dass weitere Entwicklungsmöglichkeiten für mich innerhalb der Firma nicht in Sicht waren.« Oder: »Bei mir hat sich die Situation ergeben, dass neue Aufgabenstrukturierungen es mit sich brachten, dass andere meine Aufgaben mit übernehmen konnten.«

78. »Wie kamen Sie mit Ihrem letzten Vorgesetzten aus?«
- *Negative Antwort* »Mein Vorgesetzter war ein Ausbund an Inkompetenz. Ich habe versucht, das auszugleichen, bin dabei aber immer wieder gegen eine Wand gerannt.«
- *Positive Antwort* »Wir kamen gut miteinander aus. Es gibt sicherlich auch einmal Differenzen, aber wenn beide es wollen, findet man immer einen Lösungsweg.«

79. »Was stört Sie an anderen Menschen am meisten?«
- *Negative Antwort* »Ich habe manchmal den Eindruck, dass mich viele Leute absichtlich ärgern wollen. Es stört mich besonders, wenn Leute meine Vorschläge nicht gleich begreifen und meinen Anweisungen nicht folgen wollen.«

- *Positive Antwort* »Ich erwarte von mir, dass ich mit anderen Menschen gut auskomme. Es stört mich manchmal, wenn bei einzelnen Menschen oder auch bei Gruppen ein allgemeiner Jammerzustand einsetzt und keine Bereitschaft mehr da ist, sich für gemeinsame Ziele einzusetzen.«

80. *»Waren Sie in Ihrer letzten Firma ein Außenseiter?«*
- *Negative Antwort* »Wie würden Sie sich in einem Haufen von Idioten vorkommen?«
- *Positive Antwort* »Ich bin mit meinen Vorgesetzten, Kollegen und Mitarbeitern gut ausgekommen. Im Arbeitsalltag konnten wir uns aufeinander verlassen. Ich habe mich gelegentlich auch privat mit einigen Kollegen getroffen, um gemeinsam etwas zu unternehmen.«

81. *»Wie lange werden Sie bei uns bleiben?«*
- *Negative Antwort* »Aufgrund meiner schlechten Erfahrungen bin ich da mit meiner Prognose lieber zurückhaltend.«
- *Positive Antwort* »Solange die Firma meine Arbeitskraft benötigt.«

82. *»Wie gehen Sie mit außergewöhnlichen Belastungen/Stress am Arbeitsplatz um?«*
- *Negative Antwort* »Ich finde es unverantwortlich, wie Firmen oftmals mit ihren Mitarbeitern umgehen. Überstunden sollen dann Neueinstellungen verhindern, aber auf Dauer geht das nicht gut.«
- *Positive Antwort* »Dass Belastungsspitzen auftreten, kommt immer mal wieder vor. Während meiner Tätigkeit bei der Firma … war die Personaldecke so dünn, dass Urlaubsvertretungen nur durch Überstunden in den Griff zu bekommen waren.« Oder: »Bei der Einführung einer neuen EDV-Anlage musste ich auch zu Hause viel tun, um meine Aufgaben zu erledigen.«

Stressfragen

83. *»Wenn ich jetzt Ihren bisherigen Vorgesetzten anrufe, was würde er an Ihrer Arbeitsweise kritisieren?«*

• *Negative Antwort* »Mit meinem Vorgesetzten habe ich immer wieder Auseinandersetzungen über die Bewertung meiner Arbeitsleistungen gehabt. Er hat immer wieder ungerechtfertigt kritisiert, dass ich detailverliebt wäre und Termine nicht einhalte. Natürlich stimmt das nicht.«

• *Positive Antwort* »Er würde die Aufgaben, die ich übernommen habe, darstellen und erläutern, wie die Aufgaben erledigt wurden. Dabei würde das Ergebnis die Bewertung aus dem Arbeitszeugnis widerspiegeln.« Oder [wenn im Arbeitszeugnis eine durchschnittliche Bewertung steht]: »Die Kernaufgaben habe ich stets zur vollsten Zufriedenheit erledigt. Eine Sonderaufgabe/Projektaufgabe konnte nicht beendet werden, da die Beteiligten nicht an einem Strang gezogen haben. Dies ist ein Punkt, der meinem Vorgesetzten nicht so gut gefallen hat.«

84. *»Wenn es nichts zu kritisieren gibt, warum wollen Sie dann Ihre bisherige Firma verlasssen?«*

• *Negative Antwort* »Ich habe einfach das Bedürfnis nach Veränderung gespürt.«

• *Positive Antwort* »Ich glaube, dass ich noch mehr leisten kann, und ich möchte meine Fähigkeiten in ein neues Arbeitsumfeld einbringen. Zusätzliche Aufgaben, die über das hinausgehen, was ich bisher gemacht habe, würde ich ebenfalls gerne übernehmen.«

85. *»Erinnern Sie sich an Ihren schlechtesten Vorgesetzten. Was hat Sie am meisten an ihm gestört?«*

• *Negative Antwort* »An meinen damaligen Ausbildungsleiter möchte ich gar nicht erinnert werden. Es gab ständig Streit, und ich musste mich immer sehr beherrschen, um mich nicht zu vergessen. Der Mann war ein Ausbund an Inkompetenz, hatte überhaupt keinen Draht zu Jugendlichen, missbrauchte seine Machtposition, um mich anzuschwärzen, und war überall im Betrieb unbeliebt.«

• *Positive Antwort* »Jeder hat seine Eigenarten. Mit meinen bisherigen Vorgesetzten habe ich immer gut zusammengearbeitet. Wenn man zur richtigen Zeit mit den richtigen Fragen und Ideen kommt, findet man auch ein offenes Ohr.«

86. *»Ihre Arbeitszeugnisse sind zu gut, ich habe den Eindruck, dass man Sie an Ihrem alten Arbeitsplatz loswerden möchte.«*

• *Negative Antwort* »Die Firma weiß, dass ich wechseln will, und wird sich hüten, mir Steine in den Weg zu legen.«

• *Positive Antwort* »Mein Arbeitgeber bedauert, dass ich die Firma wechseln möchte. Meine jetzige Firma weiß um die Erfolge, die ich zusammen mit meinen Kollegen erreichen konnte, und sah keinen Grund, dies im Arbeitszeugnis zu verschweigen. Ganz generell war die Arbeitsatmosphäre bei meinem letzten Arbeitgeber immer durch Fairness und Vertrauen gekennzeichnet.«

87. *»Was ist in Ihrem Leben so wichtig, dass der Beruf hintanstehen müsste?«*

• *Negative Antwort* »Meine Selbstverwirklichung.«

• *Positive Antwort* »Bisher ist es mir gelungen, berufliche und private Interessen miteinander in Einklang zu bringen. Mir ist es wichtig, mit anderen an einem Strang zu ziehen, mich durch Erfolge zu motivieren und eine Sache voranzubringen. Dies konnte ich in meinem Beruf tun.«

88. *»Ihre Fähigkeiten sind eher durchschnittlich, finden Sie nicht auch?«*

• *Negative Antwort* »Tja, was soll ich dazu sagen?«

• *Positive Antwort* »Ich verfüge über gute Branchenkenntnisse/Kenntnisse der Abläufe in der ABC-Abteilung. Daneben habe ich gute ...-Kenntnisse [EDV, Sprachen]. Die Rückmeldungen auf meine Arbeitsergebnisse waren gut.« [Anregungen, wie Sie diese Frage beantworten können, finden Sie im Kapitel »Warum sollten wir gerade Sie einstellen? Ihre Selbstpräsentation«.]

89. *»Verlieren Sie den Überblick, wenn es hektisch wird?«*
   • *Negative Antwort* »Niemals.«
   • *Positive Antwort* »Viele der von mir erledigten Aufgaben standen unter großem Zeitdruck und mussten trotzdem sorgfältig erledigt werden. So war ich zum Beispiel ... während der Umstellung der Produktion/der Einführung moderner Informationstechnologien für den Außendienst/der Umsetzung neuer Richtlinien ... zuständig für die Koordination/die Erstellung von Arbeitsanweisungen/die Einarbeitung von Mitarbeitern etc.« [Greifen Sie auf eine besondere Aufgabe aus Ihrem Berufsalltag zurück].

90. *»Wären Sie in der Lage, auf einer Pressekonferenz Auskunft über die Arbeit Ihrer jetzigen Abteilung zu geben?«*
   • *Negative Antwort* »Dafür haben wir eine Pressereferentin.«
   • *Positive Antwort* »Ich bräuchte einen gewissen Vorlauf, um die Arbeitsergebnisse zusammenzufassen und mich auf mögliche Fragen vorzubereiten. Dann wäre ich dazu bereit.«

91. *»Auf wessen Seite stehen Sie, wenn es zu Konflikten in Ihrer Firma kommt? Auf der Seite Ihrer Kollegen oder auf der Seite Ihres Vorgesetzten?«*
   • *Negative Antwort* »Wir halten unter den Kollegen gut zusammen, wenn es um die da oben geht.«
   • *Positive Antwort* »Ich finde es wichtig, Konflikte aufzulösen, und beteilige mich daher nicht an Grabenkämpfen. Mein Lösungsvorschlag wäre es, einen Statusbericht zu erstellen, aus dem die einzelnen Positionen ersichtlich werden, um dann strittige Punkte auszuräumen.«

92. »Würden Sie sich Sorgen um Ihren Arbeitsplatz machen, wenn die Geschäftsleitung eine Unternehmensberatung engagiert?«

- *Negative Antwort* »Diese Situation haben wir momentan in meinem Unternehmen. Deshalb möchte ich ja auch wechseln.«
- *Positive Antwort* »Nein. Vielleicht würden sich Änderungen in der Firmenorganisation ergeben, aber mein Arbeitsbereich würde weiter bestehen bleiben.«

93. »Welche berufliche Position hätten Sie heute, wenn Sie stets in einem optimalen Umfeld gearbeitet hätten?«

- *Negative Antwort* »Ich wäre sicherlich weiter gekommen. Man hat mich immer wieder wegen Kleinigkeiten von der Beförderung ausgeschlossen. Manchmal war ich einfach nicht in der richtigen Seilschaft.«
- *Positive Antwort* »Ich bin mit meinem beruflichen Werdegang zufrieden. Mir war es immer wichtig, meine beruflichen Aufgaben so gut wie möglich zu lösen, und ich habe auch die Anerkennung dafür bekommen.«

94. »Welche berufliche Position würden Sie auf keinen Fall annehmen?«

- *Negative Antwort* »Straßenkehrer.«
- *Positive Antwort* »Ich würde keine Position annehmen, in der mein berufliches Profil nicht einsetzbar ist. Aufgrund meines bisherigen Werdeganges und meiner Qualifikation möchte ich daher in dem Bereich ... arbeiten.«

95. »Was würden Sie in Ihrer Firma ändern, wenn Sie das Sagen hätten?«

- *Negative Antwort* »Ich würde dafür sorgen, dass endlich diejenigen, die die Arbeit erledigen, auch das Sagen haben. Es geht doch nicht an, dass wir in der Entwicklungsabteilung uns ständig vom Marketing bevormunden lassen müssen.«
- *Positive Antwort* »Für die Bereiche, in denen ich tätig bin, habe ich der Geschäftsleitung immer wieder Optimierungsvorschläge vorgelegt, die zum großen Teil auch umge-

setzt wurden. Um die gesamte Firma in den Blick zu bekommen, müsste man sicherlich eine abteilungsübergreifende Arbeitsgruppe bilden.«

96. »*Warum machen Sie nicht in Ihrem jetzigen Unternehmen Karriere?*«
   • *Negative Antwort* »Dort weiß man mich doch gar nicht richtig zu würdigen.«
   • *Positive Antwort* »Ich habe mit der Personalabteilung ein Gespräch über meine Entwicklungsmöglichkeiten geführt. Weitere Karriereoptionen sind für mich dort nicht vorgesehen, weil die für mich interessanten Positionen in den nächsten Jahre nicht neu besetzt werden.«

97. »*Trauen Sie sich die neue Aufgabe wirklich zu?*«
   • *Negative Antwort* »Es wird doch überall nur mit Wasser gekocht.«
   • *Positive Antwort* »Ich habe bereits ähnliche Aufgaben bewältigt, hinzu kommt meine Branchenerfahrung, und ich bin der Meinung, dass die neue Aufgabe eine Fortsetzung meiner bisherigen beruflichen Entwicklung ist.«

98. »*In welchen Situationen haben Sie Entscheidungsschwierigkeiten?*«
   • *Negative Antwort* »Wenn nicht ganz klar ist, wer das Sagen hat. Dann muss man sehr viel taktieren.«
   • *Positive Antwort* »Aus meiner bisherigen Berufstätigkeit weiß ich, dass immer wieder Entscheidungen gefällt werden müssen. Natürlich fällt es mir leichter, mich zu entscheiden, wenn ich umfassend informiert bin. Manchmal muss aber auch bei einer unzureichenden Informationslage entschieden werden.«

99. »*Was war Ihr größter Fehler?*«
   • *Negative Antwort* »Ich hätte damals studieren und keine Ausbildung machen sollen, dann wäre ich heute weiter.«
   • *Positive Antwort* »Ich hätte sicherlich das eine oder andere anders machen können, aber ich habe meine bisherigen

Ziele erreicht. Daher glaube ich nicht, dass ich irgendwann einen großen Fehler gemacht habe.«

100. *»Sie haben mich noch nicht überzeugt, ich glaube, Sie passen nicht zu uns.«*
- *Negative Antwort* »Dann eben nicht.«
- *Positive Antwort* »Das ist schade, da mich der bisherige Verlauf des Gespräches in meinem Wunsch bestärkt hat, bei Ihnen zu arbeiten. Es ist so, dass ich in meiner letzten Position die Aufgaben ... übernommen habe. Diese Berufserfahrung und mein Wissen möchte ich gerne für Sie einsetzen.«

15

Wie geht es weiter nach dem Gespräch?

Auch nach dem Vorstellungsgespräch müssen Sie aktiv bleiben. Bringen Sie sich telefonisch in Erinnerung, wenn die Entscheidungsphase zu lange dauert. Erkundigen Sie sich nach dem Fortgang des Auswahlverfahrens.

In diesem Kapitel erläutern wir Ihnen, wie es nach den Vorstellungsgesprächen für Sie weitergeht. Sie erfahren, wie Sie Vorstellungsgespräche auswerten, wann Sie nach Vorstellungsgesprächen telefonisch nachfassen dürfen, mit welchen Auswahlverfahren Sie nach erfolgreich verlaufenen Vorstellungsgesprächen rechnen müssen und welche Überlegungen hinsichtlich Ihrer weiteren Bewerbungsstrategie anzustellen sind.

Bleiben Sie auch nach dem Vorstellungsgespräch aktiv

Vorstellungsgespräche auswerten

Im Vorstellungsgespräch sollten Sie immer das Ziel vor Augen haben, dass man Ihnen einen Arbeitsvertrag anbietet. Auch wenn Sie bereits im Gespräch zu der Überzeugung kommen, dass Sie sich eine Tätigkeit in diesem Unternehmen nicht vorstellen können, sollten Sie bis zum Schluss Ihr Bestes geben.

Daher sollte Ihre Auswertung des Vorstellungsgespräches und Ihre Entscheidung für oder gegen einen Einstieg in dieses Unternehmen auf jeden Fall stattfinden, unabhängig davon, ob die Firma sich interessiert zeigt oder nicht. Spielen Sie das Vorstellungsgespräch noch einmal in Gedanken durch und überlegen Sie dabei, an welchen Stellen Sie mit den Antworten der Firmenvertreter weniger und an welchen Sie mehr zufrieden waren. Vergleichen Sie, was sich für Sie – bezogen auf Ihren derzeitigen Arbeitsplatz – verschlechtern würde, was gleich bliebe und was sich verbessern würde.

Spielen Sie das Gespräch noch einmal in Gedanken durch

Bei Ihrer Entscheidungsfindung können Sie sich an den Kriterien und Fragen aus dem Kapitel »Fragen, die Sie stellen sollten« orientieren. Wägen Sie ab, welchen Stellenwert für Sie die Aufgaben im Tagesgeschäft, die Entwicklungsmöglichkeiten, die Ausstattung des Arbeitsplatzes, der Kontakt zu Vorgesetzten und Kollegen und das allgemeine Arbeitsklima in der Firma einnehmen. Den wichtigen Punkt Gehalt beziehen Sie an dieser Stelle in Ihre Überlegungen sicherlich auch mit ein. Schätzen Sie realistisch ein, inwiefern Sie sich verbessern und wo Sie mit finanziellen Abstrichen rechnen müssen, beispielsweise wegen eines Umzuges in eine Gegend mit höheren Lebenshaltungskosten. Beziehen Sie in Ihre finanziellen Abwägungen bei Bedarf auch mit ein, ob Sie weiterhin einer Nebentätigkeit nachgehen können und ob Ihr Lebenspartner seine Berufstätigkeit auch am neuen Wohnort ausüben kann.

Setzen Sie sich nicht unter einen zu hohen Entscheidungsdruck. Niemand erwartet von Ihnen, dass Sie sofort nach dem Bewerbungsgespräch einen Arbeitsvertrag unterschreiben. Nutzen Sie die Zeit zwischen der mündlichen Einigung mit dem neuen Arbeitgeber und der Ausfertigung des Arbeitsvertrages, um die oben angesprochenen Punkte für sich und mit Ihrem sozialen Umfeld zu klären.

Wägen Sie gründlich ab

Der Druck, möglichst bald einen neuen Arbeitsvertrag zu unterschreiben, ist bei Bewerbern ohne Stelle natürlich sehr viel stärker. Wer einige Monate arbeitslos ist oder wem gekündigt wurde, wird seine Situation sicherlich anders einschätzen als derjenige, der sich aus einer ungekündigten Stelle heraus bewirbt.

Vermeiden Sie es trotzdem, ein neues Arbeitsverhältnis aufzunehmen, bei dem schon im Vorfeld klar wird, dass Probleme zu erwarten sind. Dies wäre beispielsweise der Fall, wenn die Firma für ihre hohe Mitarbeiterfluktuation bekannt ist; oder wenn die Firma sich in einem Markt bewegt, der durch starken Wettbewerb, hohen Kostendruck und geringe Gewinnmargen gekennzeichnet ist. Problematisch ist auch, wenn die Stelle neu geschaffen wurde, aber von der Tätigkeitsbeschreibung her so unklar definiert ist, dass nun jeder Mitarbeiter in der Abteilung erwartet, sämtliche Projekte, die aus Personalknappheit verzögert und verschoben worden sind, könnten vom neuen Kollegen bewältigt werden.

Der bessere Job

Fesselnde Ausführungen

Telefonisch nachfassen

Eine Frage, die uns oft gestellt wird, dürfte auch Sie beschäftigen: »Wann darf ich - nach einem Vorstellungsgespräch - bei dem Unternehmen anrufen und fragen, ob ich einen Arbeitsvertrag angeboten bekomme?« Prinzipiell gilt, dass es bei großen Unternehmen länger dauert, bis alle an der Entscheidung Beteiligten sich eine Meinung über den Bewerber gebildet haben. Dementsprechend kann es bis zur endgültigen Entscheidung manchmal vier bis sechs Wochen dauern. Mittlere und kleine Unternehmen sind dagegen in der Lage, schneller zu entscheiden. Eine Absage oder ein Angebot erhalten Sie dort häufig bereits ein bis zwei Wochen nach dem Vorstellungsgespräch.

Haken Sie nach

Zwei bis vier Wochen nach dem Vorstellungsgespräch dürfen Sie in jedem Fall bei der Personalabteilung anrufen und um Informationen über den aktuellen Stand bitten. Ganz wichtig hierbei ist, dass Sie eine freundliche und nette Telefonstimme einsetzen. Das Bewerbungsverfahren läuft schließlich noch, und Sie telefonieren mit einem Beteiligten aus der Personalabteilung.

Auf inhaltliche Rückfragen, beispielsweise »Glauben Sie, dass ich noch Chancen habe, die Stelle zu bekommen?« oder »Welchen Eindruck haben Sie von mir im Vorstellungsgespräch gewonnen?«, sollten Sie verzichten. Beschränken Sie sich auf rein formale Fragen zum weiteren Zeitablauf, beispielsweise: »Gibt es einen Zeitrahmen, in dem die Entscheidung über die Besetzung der Stelle fällt?« oder »Bis wann kann ich mit einer Nachricht von Ihnen rechnen?«

So bringen Sie Schwung in die Entscheidungsfindung

Wenn Sie zu den Berufsgruppen gehören, die gerade stark nachgefragt sind, können Sie auch etwas Schwung in die Entscheidungsfindung bringen. Weisen Sie Ihre Gesprächspartner darauf hin, dass Sie sehr daran interessiert sind, bei gerade dieser Firma anzufangen. Jedoch liege bereits ein Angebot von einer anderen Firma vor, sodass Sie sich momentan in einer Zwickmühle befänden. In den Fällen, in denen ein Unternehmen aufgrund der beruflichen Qualifikation großes Interesse am Bewerber hat, haben wir oft erlebt, dass ein Arbeitsvertrag schneller als üblich angeboten wird.

Assessment-Center

Ein Teil der Bewerber bekommt nach einem erfolgreich absolvierten Vorstellungsgespräch die Einladung zu einem Assessment-Center. Dies gilt besonders für diejenigen, deren zukünftiges Tätigkeitsfeld durch Teamarbeit und Kundenkontakt gekennzeichnet ist. Hierzu gehören unter anderem Tätigkeiten in Unternehmensberatungen, im Vertrieb, im Personalbereich und im Bereich der Finanzdienstleistungen. Auch wenn Sie eine Führungsposition anstreben, steigt die Wahrscheinlichkeit, an einem Assessment-Center teilnehmen zu müssen.

Das besondere Gruppenauswahlverfahren

Assessment-Center (AC) sind Gruppenauswahlverfahren. Eine Gruppe von Bewerbern durchläuft verschiedene Übungen unter den Augen der zukünftigen Fachvorgesetzten. Dies hat für die Unternehmen den Vorteil, dass die Bewerber direkt miteinander verglichen werden können. Sie sollten sich daher auch auf Assessment-Center gründlich vorbereiten.

Setzen Sie sich mit den typischen Übungen und Übungsinhalten von Assessment-Centern auseinander. Spielen Sie die AC-Übungen, nach Möglichkeit mit Freunden oder Bekannten, zu Hause durch. Nehmen Sie die Übungen mit der Videokamera auf und setzen Sie sich Übungsziele, die Sie Schritt für Schritt in Angriff nehmen. Bei Ihrer Vorbereitung auf Assessment-Center hilft Ihnen unser Ratgeber *Assessment-Center-Training für Führungskräfte*.

Taktisch weiter bewerben

Da Unternehmen hohe Ansprüche an die fachlichen und persönlichen Fähigkeiten der Bewerberinnen und Bewerber stellen, sind die eingesetzten Auswahlverfahren zum Überprüfen der Anforderungen sehr personalintensiv und damit auch zeitaufwändig. Für Bewerberinnen und Bewerber hat dies die nervenzehrende Konsequenz, dass sich die Zeit bis zum endgültigen Abschluss des Bewerbungsverfahrens sehr in die Länge zieht.

Bleiben Sie flexibel

Um- und Aufsteiger müssen sich darauf einstellen, dass vom Versenden der Bewerbungsmappe bis zur Unterzeichnung eines Arbeitsvertrages drei bis sechs Monate vergehen können. Je größer die Unternehmen sind und je mehr Personen an dem Entscheidungsprozess beteiligt sind, desto länger dauert es, bis Sie wissen, woran Sie mit ihren Bewerbungsbemühungen sind.

Für die eigene Bewerbungsstrategie bedeutet dies, dass Sie sich so lange bei interessanten Arbeitgebern weiter bewerben, bis ein Arbeitsvertrag vorliegt, der nicht nur von Ihnen, sondern auch von Unternehmensseite unterschrieben worden ist. Erst wenn dies der Fall ist, sollten Sie Ihre aktive Bewerbungsphase abschließen.

Auf einen Blick

Wie geht es weiter nach dem Gespräch?

Im Blick

- Verfolgen Sie im Vorstellungsgespräch immer das Ziel, von der neuen Firma einen Arbeitsvertrag angeboten zu bekommen.
- Ihre Entscheidung für oder gegen die neue Stelle sollten Sie erst nach einer gründlichen Auswertung des Gesprächs treffen.
- Die optimale Stelle, in der Sie alle Wunschvorstellungen gleichermaßen durchsetzen können, gibt es selten. Finden Sie ei-

nen realistischen Kompromiss. Wägen Sie ab, was Ihnen am wichtigsten ist: Die Aufgaben, die Entwicklungsmöglichkeiten, die Arbeitszufriedenheit, der Umgang mit Kollegen und Vorgesetzten oder das Gehalt.

- Zwei bis vier Wochen nach dem Vorstellungsgespräch dürfen Sie telefonisch nachfassen.
- Verschrecken Sie Personalverantwortliche nicht, indem Sie sie täglich mit Anrufen oder E-Mails bombardieren.
- Inhaltliche Fragen wie »Glauben Sie, dass ich die Stelle bekomme?« werfen ein ungünstiges Licht auf Sie. Stellen Sie nur formale Fragen, beispielsweise: »Bis wann kann ich etwa mit einer Nachricht von Ihnen rechnen?«
- Je größer Unternehmen sind, desto länger dauert es, bis Sie wissen, ob Sie eine Absage oder Zusage bekommen.
- Beenden Sie Ihre aktive Bewerbungsphase erst, wenn Sie einen vom Arbeitgeber unterschriebenen Arbeitsvertrag vorliegen haben.

Von der Theorie in die Praxis

Es kann losgehen. Durch die intensive Arbeit mit unseren Übungen sind Sie bestens auf Ihr Vorstellungsgespräch vorbereitet.

In Vorstellungsgesprächen geht es in erster Linie darum, das eigene Profil mit dem vom Unternehmen gewünschten Stellenprofil zur Deckung zu bringen. Dabei spielen nicht nur die fachlichen Kenntnisse, sondern auch die persönlichen Fähigkeiten des Bewerbers eine wichtige Rolle.

Sie haben sich intensiv mit Ihren beruflichen Stärken auseinander gesetzt und gelernt, dieses Stärkenprofil glaubwürdig zu vermitteln. Damit sind Sie in der Lage, Personalverantwortliche inhaltlich zu überzeugen. Das sowohl für Bewerber als auch für Personalverantwortliche unbefriedigende Spiel des inhaltsleeren Schlagabtausches brauchen Sie nicht mitzumachen. Die Erwartungen der Unternehmen an Bewerber sind Ihnen klar geworden. Sie haben verstanden, dass es darauf ankommt, sich ein individuelles Profil zu erarbeiten, das auch die Wünsche des Unternehmens berücksichtigt.

Sie haben Ihr persönliches Profil geschärft

Die Regeln, die bei der Vermittlung Ihres individuellen Profils im Gespräch gelten, haben Sie sich angeeignet. Auf die unterschiedlichen Gesprächspartner auf Unternehmensseite und auf deren Vorlieben können Sie eingehen. Mit Ihrer flexiblen Strategie können Sie jetzt sowohl die Geschäftsführer von mittelständischen Unternehmen überzeugen als auch speziell geschulte Personalverantwortliche in Großunternehmen.

Da Sie in der Lage sind, mit Beispielen zu argumentieren und Ihre Fähigkeiten konkret zu belegen, werden Sie sich positiv aus der Masse der Bewerberinnen und Bewerber hervorheben. So können Sie sowohl auf die Anforderungen der Personalabteilungen als auch auf die der Fachabteilungen eingehen.

Sie heben sich von der Masse der Bewerber ab

Die einzelnen Fragenkomplexe, die mit Ihnen im Gespräch abgearbeitet werden, sind Ihnen bekannt, und Sie durchschauen, aus welchen Gründen einzelne Fragen gestellt werden. Beispielfragen und Beispielantworten haben Ihnen Formulierungshilfen gegeben und Ihnen dabei geholfen, einen individuellen Antwortstil zu entwickeln. Wie Sie auf unzulässige Fragen reagieren, wissen Sie. Vorurteile bezüglich problematischer Bewerbungen können Sie entkräften.

Damit Sie Ihre Argumentation wirkungsvoll unterstützen können, haben Sie sich mit der Körpersprache im Vorstellungsgespräch auseinander gesetzt. Sie können Konfrontationen vermeiden, Stressgesten erkennen und eigene Anspannungen auflösen.

Aus unserer Beratungspraxis wissen wir, dass die von uns vorgestellten Techniken für das Vorstellungsgespräch Ihre Persönlichkeit besser zur Geltung bringen werden. Sicherlich werden Sie sich mit der Entwicklung Ihres individuellen Stils auseinander setzen müssen. Das Einüben neuer Argumentationsstrategien ist zu Beginn mühsam, aber die Arbeit wird sich für Sie lohnen. Sie werden bessere Ergebnisse in Vorstellungsgesprächen erzielen, weil Sie Ihre persönlichen Fähigkeiten und fachlichen Kenntnisse jetzt optimal präsentieren können.

Erfolg ist trainierbar

Für Ihre Vorstellungsgespräche wünschen wir Ihnen viel Erfolg.

Christian Püttjer und *Uwe Schnierda*

Register

Bewerben mit der
Püttjer & Schnierda-Profil-Methode

Gesichtlose Massenbewerber machen es sich und den Unternehmen unnötig schwer, zueinander zu finden. Machen Sie es besser: Sie werden sich im Bewerbungsverfahren mehr Gehör verschaffen, wenn Sie Ihr Profil vermitteln können.

Die Profil-Methode, die wir dazu in unserer über 15-jährigen Beratungspraxis (www.karriereakademie.de) entwickelt haben, hat schon vielen Bewerbern zu mehr Erfolg verholfen.

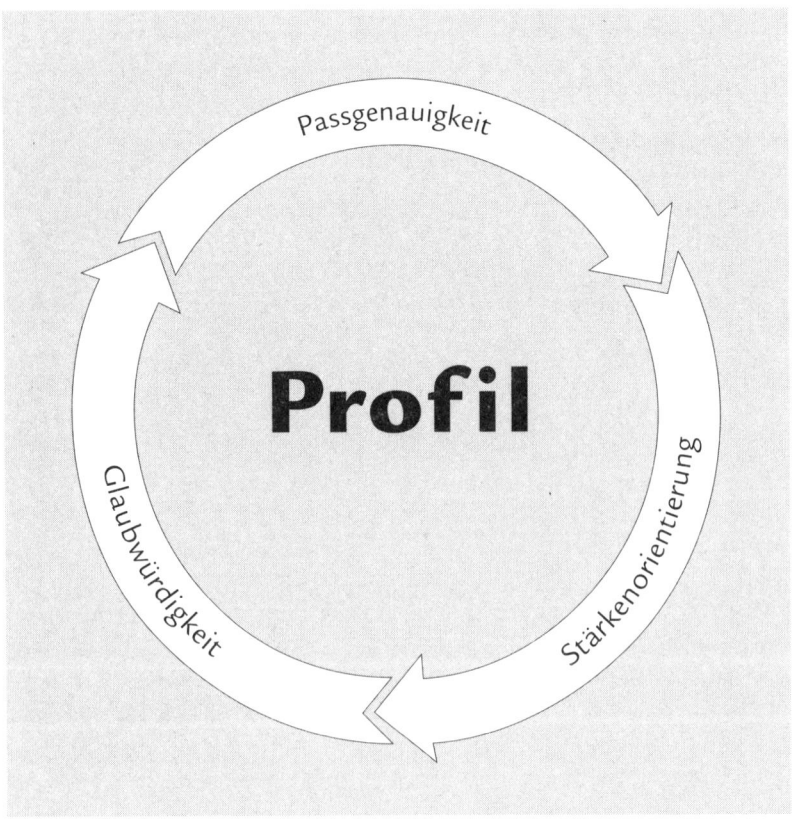

Drei Kernelemente kennzeichnen die Profil-Methode: Punkten Sie mit einer passgenauen Bewerbung, vermitteln Sie Ihre Stärken und treten Sie glaubwürdig auf.

1. Passgenauigkeit

Je besser Sie in Ihrer Bewerbung auf die Anforderungen einer Stelle eingehen, desto höher ist Ihre Erfolgsquote. Machen Sie sich den Blick der Personalverantwortlichen zu eigen. Argumentieren Sie von den Anforderungen der zu vergebenden Stelle her. So wird Ihre Bewerbung passgenau.

2. Stärkenorientierung

Niemand lässt sich durch Krisen- und Problemschilderungen von etwas überzeugen – auch Unternehmen nicht! Verzichten Sie auf Selbstabwertungen, stellen Sie lieber Ihre Vorzüge in den Mittelpunkt Ihrer Bewerbung. So werden Ihre Stärken sichtbar.

3. Glaubwürdigkeit

Verbiegen Sie sich nicht im Bewerbungsverfahren, Ihre Persönlichkeit ist gefragt! Verstecken Sie sich nicht hinter Leerfloskeln und abstrakten Formulierungen, liefern Sie statt dessen nachvollziehbare Beispiele, die Ihre Bewerbung mit Leben füllen. So gewinnen Sie Glaubwürdigkeit.

Alle im Campus Verlag erschienenen Bewerbungsratgeber von Püttjer & Schnierda basieren auf der Profil-Methode. Erfahren Sie in diesem Ratgeber, wie Sie Schritt für Schritt Ihr eigenes Profil entwickeln und im Vorstellungsgespräch vermitteln können.

Wir sind für Sie da

Püttjer & Schnierda: Coaching und Beratung

Unsere Angebote:

- Bewerbungsmappen-Check
- Vorbereitung auf Vorstellungsgespräche
- Assessment-Center-Intensivtraining
- Karriereplanung
- Rhetoriktraining
- Führungskräfte-Coaching

Preise und weitere Details zu den einzelnen Beratungsmodulen finden Sie im Internet unter www.karriereakademie.de

Püttjer & Schnierda
Raiffeisenstraße 26
24796 Bredenbek / Naturpark Westensee
Telefon (0 43 34) 18 37 87
Fax (0 43 34) 18 37 90
E-Mail team@karriereakademie.de

Kostenlos: Mehr als 100 Jobbörsen unter www.karriereakademie.de